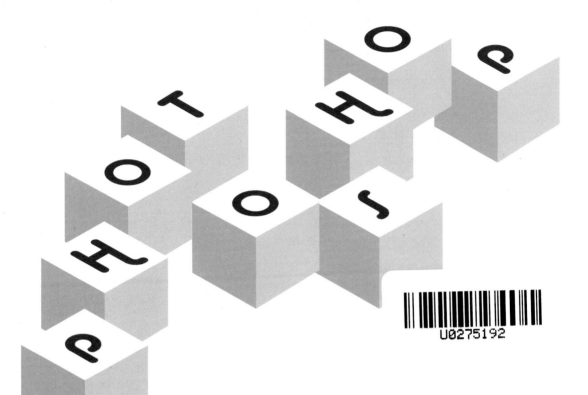

U0275192

主编　赵艳莉　郭建军

PHOTOSHOP

CS5

平面设计

实用教程

时代出版传媒股份有限公司
安徽科学技术出版社

图书在版编目（ＣＩＰ）数据

Photoshop CS5 平面设计实用教程/赵艳莉,郭建军
主编.—2 版.—合肥:安徽科学技术出版社,2017.4
ISBN 978-7-5337-6577-4

Ⅰ.①P… Ⅱ.①赵…②郭… Ⅲ.①平面设计-图
象处理软件-教材 Ⅳ.①TP391.41

中国版本图书馆 CIP 数据核字(2015)第 000798 号

## 内 容 简 介

本书可随时随地用手机扫描各项目制作的二维码进行观看学习。

本书以目前常用的图形图像处理软件 Photoshop CS5 为蓝本,采用项目教学模式编写,通过丰富的情景设定引出项目,再通过每个项目的若干任务来完整地学习 Photoshop 图形图像设计和处理技术。

本书的编写以"必须、够用"为原则,力求降低理论难度,加大技能操作强度,形成练中学,学中总结、提升,直至灵活掌握软件的使用。

本书共 11 个单元,主要内容包括平面设计基础、选区的应用、图层与蒙版、绘画与填充、修饰和润色、滤镜的应用、色彩与色调、路径与形状、文字的应用、通道与 3D 图像、动作与动画等。

本书可作为全国高职高专院校计算机艺术设计类和计算机应用类专业的教学用书,也可作为平面设计爱好者的自学参考书。

**Photoshop CS5 平面设计实用教程**　　　　　　主编　赵艳莉　郭建军

出版人:丁凌云　　　　选题策划:王　勇　　　　责任编辑:王　勇
责任校对:程　苗　　　　责任印制:李伦洲　　　　封面设计:朱　婧
出版发行:时代出版传媒股份有限公司　　http://www.press-mart.com
　　　　　安徽科学技术出版社　　　　　http://www.ahstp.net
　　　　　(合肥市政务文化新区翡翠路 1118 号出版传媒广场,邮编:230071)
　　　　　电话:(0551)63533323
印　　制:安徽联众印刷有限公司　　　电话:(0551)65661327
(如发现印装质量问题,影响阅读,请与印刷厂商联系调换)

开本:787×1092　1/16　　　印张:17.5　　　字数:400 千
版次:2017 年 4 月第 2 版　　2017 年 4 月第 2 次印刷

ISBN 978-7-5337-6577-4　　　　　　　　　　定价:68.00 元

随着互联网+和移动通信技术的发展,个性化、多元化及碎片化学习成为当今教育发展的趋势。以微课及慕课为代表的教育技术及以翻转课堂、混合学习为教学模式的创新应用,为我国高等教育和职业教育的创新发展注入新的活力。在这个大好形势下,本书根据当前信息技术发展水平,对《Photoshop CS5 平面设计实用教程》进行了改版,增加了微课视频部分,学生可以随时随地用手机扫描各项目的二维码进行观看和学习,不懂之处可以重复观看,从而大大提高了学习效率。

本书依据职业教育特点,采用项目引领、任务驱动模式进行编写,每个单元结构均由项目描述、项目分析、项目目标、知识卡片、项目操作、项目小结、知识拓展、实训练习和微课视频等模块组成。知识卡片部分以"必须、够用"为原则,力求降低理论难度;知识拓展部分则对想进一步学习的读者进行了理论知识的延伸和提升。本书加大了技能操作强度,形成练中学,学中总结、提升,直至灵活掌握软件的使用。

本书共 11 个单元,由 22 个项目组成。每个项目均按照知识点精心挑选。第 1 单元介绍图像的种类和特点、位图的相关概念和色彩属性、颜色模式、图像文件的格式,以及 Photoshop CS5 的操作界面及文件的基本操作;第 2 单元介绍选区工具的特点和使用方法,以及选区的操作和图像的操作方法;第 3 单元介绍图层的基本操作和利用蒙版制作选区的方法;第 4 单元介绍画笔工具、渐变工具和油漆桶工具的用法;第 5 单元介绍图像的修饰和修饰技巧;第 6 单元介绍滤镜的应用;第 7 单元介绍图像的色彩和色调的调整方法;第 8 单元介绍路径工具及形状工具的应用;第 9 单元介绍文字工具的用法和文字属性的设置方法;第 10 单元介绍利用通道进行精确抠图及调整色彩的方法,以及 3D 图像的设计制作方法;第 11 单元主要介绍动作的作用及使用方法,以及 Photoshop 中动画的种类和各种动画的制作方法。

本书可作为全国高校计算机艺术设计类和计算机应用类专业的教学用书,也可作为平面设计爱好者的自学参考书。

为方便教师教学,本书配备了教学资源包,包括 PPT 课件、微课视频、素材、效果源文件、教学指南、电子教案等,教师可向 279262133@qq.com 发邮件索取。

本课程的教学时数为 72 学时,各单元的参考教学课时见以下课时分配表。另外开设本课程之前,建议最好先期已经进行了平面设计基础课程的学习。

| 单 元 | 教 学 内 容 | 课 时 分 配 | |
|---|---|---|---|
| | | 讲 授 | 实践训练 |
| 第 1 单元 | 平面设计基础 | 2 | 2 |
| 第 2 单元 | 选区的应用 | 2 | 2 |
| 第 3 单元 | 图层与蒙版 | 2 | 4 |
| 第 4 单元 | 绘画与填充 | 2 | 4 |
| 第 5 单元 | 修饰与润色 | 2 | 4 |
| 第 6 单元 | 滤镜的应用 | 2 | 4 |
| 第 7 单元 | 色彩与色调 | 2 | 4 |
| 第 8 单元 | 路径与形状 | 2 | 4 |
| 第 9 单元 | 文字的应用 | 2 | 4 |
| 第 10 单元 | 通道和 3D 图像 | 4 | 4 |
| 第 11 单元 | 动作与动画 | 4 | 4 |
| 机动 | | 4 | 6 |
| 课时总计 | | 26 | 40 |

本书由郑州财税金融职业学院赵艳莉、郭建军担任主编,郑州财税金融职业学院邹溢、陈思副主编。参加本书编写的有赵艳莉、郭建军、陈思、邹溢、张金娜、卢琦、卞孝丽、喻林、丁汀。赵艳莉对本书进行了框架设计、微课录制、全文统稿和整理。方德花、朱剑涛、沙晓曼、丁超负责收集书稿中素材。李成、杜晓波、张勇、郑雅文、范亚飞、张岚岗、吴思雨等参与了微课制作。

本书是河南省高等学校重点科研项目计划《面向创新教育的高职微课程资源开发与应用研究》(项目编号:16B520026)的阶段性研究成果。

由于作者水平有限,书中难免存在错误和不妥之处,敬请广大读者批评指正。

编 者

# CONTENTS

目录

## 第 ❶ 单 元
## 平面设计基础

本单元主要了解有关图像的种类、特点,位图的相关概念及 Photoshop 的功能;熟悉 Photoshop CS5 的工作窗口;掌握 Photoshop CS5 的启动和退出、图像的颜色模式和色彩属性以及图像文件的格式和基本操作,为今后使用 Photoshop 进行图形图像处理打下基础。

本单元将按以下 2 个项目进行:

项目 1　制作"花儿四季"拼图。

项目 2　调整倾斜的照片。

---

## 项目1
## 制作"花儿四季"拼图

微视频:

制作"花儿四季"拼图

---

 项目描述

一年四季中人们都是在花儿的陪伴下度过时光的,花能使人心情舒畅,放松自我。请将给出的4幅图片按照给定的尺寸重新组成一张新的图像。其效果如图1-1所示。

图1-1　"花儿四季"拼图效果项目分析

项目分析

首先利用"图像大小"和"画布大小"命令将4张素材图片调整到合适的尺寸,然后利用"拷贝"和"粘贴"命令将所有素材合成一个新的文档,最后添加标题文字即可。本项目可分解为以下任务:

- 打开4张素材图片并将其尺寸统一调整成400像素×300像素。
- 将所有素材图片合成到一个新的文件中。
- 为新建的图像文件配上标题文字。

 项目目标

- 掌握新建文件的方法。
- 掌握图像及画布大小的调整。
- 掌握图片的复制及粘贴的方法。
- 掌握图片的移动。

📖 知识卡片

## 一、图像的种类

Photoshop CS5平面设计实用教程第1单元平面设计基础知识卡片一、图像的种类

计算机处理的图像可以分为两类,分别是矢量图与位图,不同的计算机软件处理的图像不同。

### 1.矢量图

严格地讲,矢量图应归为图形,它记录的是所绘对象的几何形状、线条粗细和色彩等,因此,它的文件所占的存储容量很小,如卡通绘画等。

矢量图的优点是不受分辨率的限制,可以将图形进行任意的放大或缩小,而不会影响它的清晰度和光滑度。如图1-2为打开的矢量图,将该矢量图放大8倍后,其效果如图1-3所示。

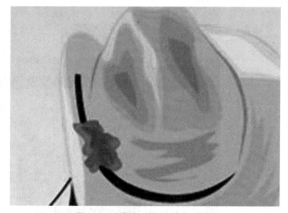

图1-2　打开的矢量图　　　　　　　　　图1-3　放大8倍后的矢量图

矢量图的缺点是不易制作色彩丰富的图像,而且绘制出来的图像也不是很逼真,同时不易在不同的软件间进行交换。

## 2.位图

位图是指以点阵形式保存的图像,即由许多像素点组成的图像。该类文件所占的存储容量很大,如数码照片。

位图的优点是它弥补了矢量图形的缺陷,可以逼真地表现自然界的景物。由于系统在保存位图时保存的是图像中各点的色彩信息,因此,位图主要用于保存各种照片图像;其缺点是图像受分辨率的限制,当放大到一定程度后,图像将变得模糊。如图1-4所示为打开的位图,将该位图放大8倍后,效果如图1-5所示。由于位图容量大,在网上传播时需要进行一定的处理才能提高传播速度。

图1-4 打开的位图

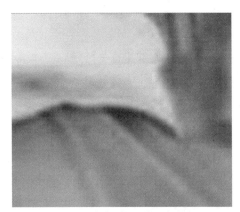

图1-5 放大8倍后的局部位图

Photoshop软件的主要优点在于该软件具有强大的位图图像处理功能。当然,通过路径的绘制也可以绘制出矢量对象。

Photoshop中打开的图像为位图,位图是由含有位置和颜色的像素块组成的。在固定的区域内,像素块越多,图像越清晰,颜色越鲜艳,分辨率也就越高。当位图放大到一定程度后,由于像素块过大使得图片失真,故不再有原来图片的效果。

## 二、位图的相关概念

在实际生活应用中, 只有在理解和掌握图像资料显示原理的基础上才能制作出高质量的图像,下面介绍相关的几个概念。

### 1.像素

像素是组成一幅位图图像的最基本单位。位图由含有位置和颜色信息的小方形颜色块组成。

### 2.图像分辨率

图像分辨率是指打印图像时,在每个单位长度上打印的像素数,通常用单位长度内一条线由多少个点去描述,即像素/英寸(ppi)来表示。像素数点越多,分辨率越高。

分辨率决定图像文件的大小,分辨率提高1倍,图像文件将增大4倍,存储空间越大,计算机处理起来就越慢。

### 3.显示器分辨率

在显示器中每单位长度显示的像素数,通常用"点/英寸"(dpi)来表示。显示器的分辨率依赖于显示器尺寸与像素设置,个人电脑显示器的典型分辨率是96 dpi。当图像以1:1比例显示时,每个点代表1像素。当图像放大或缩小时,系统将以多个点代表1个像素。

### 4.打印机分辨率

与显示器分辨率类似,打印机分辨率也以"点/英寸"来衡量。如果打印机的分辨率为300~600 dpi 时, 则图像的分辨率最好为 72~150 ppi;如果打印机的分辨率为 1 200 dpi 或更高,则图像分辨率最好为 200~300 ppi。

一般情况下,如果希望图像仅用于显示,可将其分辨率设置为 72 ppi 或 96 ppi(与显示器分辨率相同);如果希望图像用于印刷输出,则应将其分辨率设置为 300 ppi。

## 三、放大缩小图片

**方法1**　按"Ctrl++"键,每按一次放大一倍,图片将在原有大小基础上增大 100%(而按"Ctrl+−"键则缩小 1/2)。

**方法2**　单击工具箱中的"缩放"工具 🔍,在放大模式下,单击一次放大 100%。

**方法3**　在文档编辑窗口状态栏的显示比例栏内,输入放大的百分比,譬如 800,然后单击回车键即可,如图 1-6 所示。

图1-6　状态栏

**方法4**　执行"视图"→"放大"命令,也可以放大图片。

**方法5**　执行"窗口"→"导航器"命令,可打开"导航器"调板,拖曳"导航器"调板下方的滑块,可以放大图片。

**方法6**　单击程序栏中的"显示比例"按钮 100% ▼,在弹出的列表中进行选择。

 贴心提示

图片放大的范围最大不超过 3 200%。

## 四、Photoshop的启动和退出

### 1.启动Photoshop

当 Photoshop 安装完成后, 就会在 Windows 的 "开始"→"所有程序" 子菜单中建立"Adobe Photoshop CS5"菜单项。

(1)单击"开始"→"所有程序"→"Adobe"→"Adobe Photoshop CS5"命令,如图 1-7 所示。

(2)通过常用软件区启动。常用软件区位于"开始"菜单的左侧列表,该区域中将自动保存用户经常使用过的软件。如果想启动 Photoshop CS5,只需单击该软件图标即可,如图 1-8 所示。

(3)双击桌面上或任务栏中的 Photoshop CS5 快捷图标 🅿️,如图 1-9 所示,即可启动 Photoshop CS5 应用程序。

(4) 在计算机上双击任意一个 Photoshop 文件图标, 在打开该文件的同时即可启动 Photoshop CS5,如图 1-10 所示。

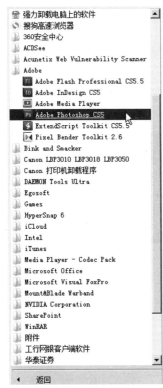

图1-7　开始菜单

图1-8　常用软件区

图1-9　桌面快捷方式

图1-10　Photoshop文件图标

## 2.退出Photoshop CS5

退出 Photoshop CS5 有以下 5 种方法。

(1)单击 Photoshop CS5 窗口的"关闭"按钮 。

(2)双击程序栏左侧的"控制窗口"图标 。

(3)单击程序栏左侧的"控制窗口"图标 ，在弹出的菜单中执行"关闭"命令。

(4)在 Photoshop CS5 窗口中，执行"文件"→"退出"命令。

(5)按下快捷键"Ctrl+Q"或者组合键"Alt+F4"。

## 五、Photoshop工作窗口

启动 Photoshop CS5 以后，打开如图 1-11 所示的窗口，可以看到 Photoshop CS5 的窗口主要包括"程序栏""菜单栏""工具选项栏""工具箱""文档编辑窗口""调板"和"状态栏"等。

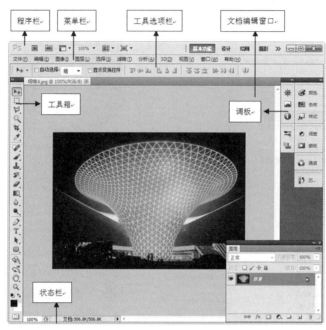

图1-11　Photoshop　CS5工作窗口

**1.程序栏**

程序栏位于窗口的顶端。左侧显示启动的 Photoshop CS5 的图标 ![Ps] 和快速访问工具按钮。右侧显示快速访问命令,程序窗口控制按钮(从左到右依次为"最小化"按钮 ![□]、"最大化"按钮 ![回] 和"关闭"按钮 ![X],它们是 Windows 窗口共有的)。

**2.菜单栏**

和其他应用软件一样,Photoshop CS5 也包括一个提供主要功能的菜单栏。要想打开某项菜单,既可以使用鼠标单击该菜单项,也可以同时按下 Shift 键和菜单名中带括号的字母键。Photoshop CS5 的菜单栏如图 1-12 所示。

| 文件(F) | 编辑(E) | 图像(I) | 图层(L) | 选择(S) | 滤镜(T) | 分析(A) | 3D(D) | 视图(V) | 窗口(W) | 帮助(H) |

图1-12　Photoshop　CS5的菜单栏

 贴心提示

每项菜单右边的英文,是该项命令的快捷键,使用快捷键同样可以执行每项菜单命令。

**3.工具选项栏**

当选择了工具箱中的某个工具后,工具选项栏将会发生相应的变化,用户可以从中设置该工具相应的参数。通过恰当的参数设置,不仅可以有效增加每个工具在使用中的灵活性,提高工作效率,而且使每个工具的应用效果更加丰富、细腻。

**4.工具箱**

Photoshop CS5 的工具箱提供了丰富多样、功能强大的工具,将鼠标光标移动到工具箱内的工具按钮上,即可显示出该按钮的名称和快捷键,如图 1-13 所示。

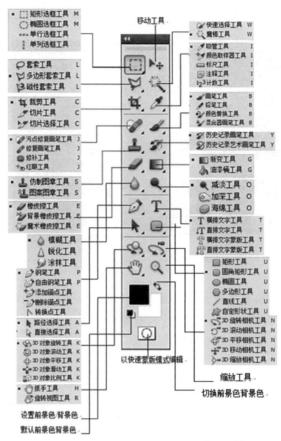

图1-13　Photoshop　CS5的工具箱

在工具箱中直接显示的工具为默认工具,如果在工具按钮的右下方有一个黑色的小三角,表示该工具下有隐藏的工具。使用默认工具,直接单击该工具按钮即可;使用隐藏工具,将鼠标光标先指向该组默认按钮,单击鼠标右键可弹出所有隐藏的工具,在隐藏的工具中单击所需要的工具即可。

 贴心提示

按下"Shift"键同时按下该组工具右侧的字母快捷键,可以在该组工具中切换。

Photoshop CS5 的工具箱可以非常灵活地进行伸缩,使工作窗口更加快捷。用户可以根据操作的需要将工具箱变为单栏或双栏显示。单击位于工具箱最上面伸缩栏左侧的双三角形,可以对工具箱单、双栏显示进行控制。

5.文档编辑窗口

文档编辑窗口位于工作窗口的中心区域,即窗口中灰色的区域,用于显示并对图像进行编辑操作。左上角为文档编辑窗口的标题栏,其中显示图像的名称、文件格式、位置、显示比例、图层名称、颜色模式及关闭窗口按钮。如图 1-14 所示。当窗口区域中不能完整地显示图像时,窗口的下边和右边将会出现滚动条,可以通过移动滚动条来调整当前窗口中显示图像的区域。

图1-14　文档编辑窗口

　　当新建文档时,文档编辑窗口又称为画布。画布相当于绘画用的纸或布,也就是软件中操作文件的地方。灰色区域不能进行绘画,只有在画布上才能进行各种操作。文件可以溢出画布,但必须移动到画布中才能显示和打印出来。

　　6.状态栏

　　当打开一个图像文件后,每个文档编辑窗口的底部为该文件的状态栏,状态栏的左侧是图像的显示比例;中间部分显示图像文件信息,单击"小三角"按钮▶,可弹出"显示"菜单,用于选择要显示的该图像文件的信息,如图1-15所示。

图1-15　Photoshop　CS5的状态栏

　　7.调板

　　调板是 Photoshop CS5 处理图像时的一项重要功能,默认的控制调板位于窗口的右边。在使用时可以根据需要随意进行拆分、组合、移动、展开和折叠等操作。

　　(1)打开和关闭调板:执行"窗口"菜单下的相应子命令,可以打开所需要的调板。菜单中某个调板前打勾,表明该调板已打开,再次执行"窗口"菜单下的相应子命令,可以关闭该调板。

　　(2)移动调板:鼠标光标指向调板的标题栏,拖曳鼠标即可移动调板。

　　(3)拆分和组合调板:鼠标光标指向一组调板中某一调板名称拖曳鼠标,即可将该调板从组中拆分出来;反之即可组合。

　　(4)展开和折叠调板:双击调板名称或单击调板标题栏上的 ◀◀ 或 ▶▶ 按钮,即可折叠或展开调板,如图 1-16 所示。

图1-16　展开面板和折叠为图标

 贴心提示

　　按下"Tab"键,可以显示或隐藏调板、工具箱和工具选项栏。按下"Shift+Tab"键,可以在保留工具箱和工具选项栏的情况下,显示或隐藏调板。

## 六、改变图像的大小与分辨率

　　若想改变图像的显示尺寸、打印尺寸和分辨率,可以通过执行"图像"→"图像大小"命令实现,此时将打开"图像大小"对话框,如图 1-17 所示。

## 七、修改画布大小及旋转画布

　　有时画布的大小不是很令人满意,用户需要对图像进行裁剪或增加空白区,此时,可以执行"图像"→"画布大小"命令,系统将打开"画布大小"对话框,如图 1-18 所示。

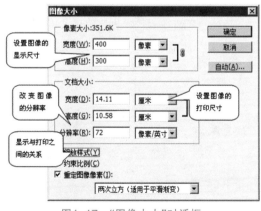

图1-17　"图像大小"对话框

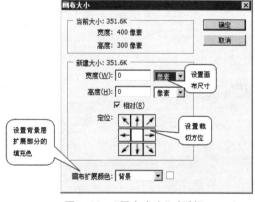

图1-18　"画布大小"对话框

 贴心提示

　　若设置的尺寸小于原尺寸,则按所设宽度和高度沿图像四周裁切图像;反之,则在图像四周增加空白区域,此时,背景层的扩充部分以当前背景色填充,其他层扩展部分为透明区。

另外,画布在工作区上的方向是可以调整的,利用"图像"→"图像旋转"的各个子菜单项可以按任意方向旋转和翻转画布。图 1-19 所示为旋转和翻转画布的各种显示效果。

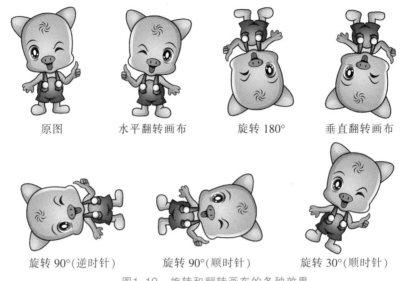

原图　　　　　　水平翻转画布　　　　　旋转 180°　　　　垂直翻转画布

旋转 90°(逆时针)　　　旋转 90°(顺时针)　　　旋转 30°(顺时针)

图1-19　旋转和翻转画布的各种效果

## 八、文件的操作

### 1.新建文件

执行"文件"→"新建"命令,可打开"新建"对话框,在"新建"对话框中,可以输入新建文件的名称,设置文件的大小、分辨率、颜色模式、新建文件的背景色,然后单击"确定"按钮,即可新建文件。

### 2.保存文件

要保存图像,可执行"文件"→"存储"命令或按下 Ctrl+S 快捷键。如果该图像文件是第一次保存,系统将打开"存储为"对话框,用户可以在此设置文件名称、文件格式、创建新的文件夹、切换文件夹和决定以何种方式列表文件。单击"保存"按钮,即可保存文件。

💬 贴心提示

在编辑图像时,如果不希望对源图像文件进行更改,则可以执行"文件"→"存储为"命令,将编辑后的图像文件以其他名称保存。

### 3.关闭文件

单击打开的图像文件标题栏上的"关闭"按钮 ❎ 即可关闭文件。

## 九、图像的操作

### 1.复制图像

复制图像与移动图像的操作方法基本一致,只是在用鼠标拖曳选中的图像时,同时按下"Alt"键,鼠标指针会变为重叠的黑白双箭头状。另外,执行"编辑"→"拷贝"命令和"编辑"→

"粘贴"命令,也可将选中的图像复制。

2.删除图像

执行"编辑"→"清除"菜单命令或执行"编辑"→"剪切"菜单命令,均可将选中的图像删除。也可以按"Delete"键或"Backspace"键,删除图像,如图 1-20 所示。

3.图像的移动

图像的移动是通过"移动工具"▶⊕进行的,用户可以在同一幅图像中或不同图像之间移动选区内的对象。"移动工具"▶⊕可以移动整个图层内(背景层除外)或选区中的图像。在使用其他工具时,按住 Ctrl 键可以临时切换到移动工具。

移动工具的选项栏如图 1-21 所示。

| 编辑(E) | 图像(I) | 图层(L) | 选择(S) | 滤镜 |
|---|---|---|---|---|
| 重做复制(O) | | | Ctrl+Z | |
| 前进一步(W) | | | Shift+Ctrl+Z | |
| 后退一步(K) | | | Alt+Ctrl+Z | |
| 渐隐(D)... | | | Shift+Ctrl+F | |
| 剪切(T) | | | Ctrl+X | |
| 拷贝(C) | | | Ctrl+C | |
| 合并拷贝(Y) | | | Shift+Ctrl+C | |
| 粘贴(P) | | | Ctrl+V | |
| 选择性粘贴(I) | | | ▶ | |
| 清除(E) | | | | |

图1-20 编辑部分菜单

图1-21 "移动工具"选项栏

各选项作用如下:

● "自动选择"复选框可以在单击某个对象时自动选中它所在的图层。

● "显示变换控件"复选框可以在移动时显示 8 个固定点,从而对物体进行各种各样的变形,产生相应的变形效果。

在同一幅图片中移动选区内的图像的具体操作方法如下:

(1)打开一幅图片,在图片中将要移动的图像建立成选区。

(2)选择"移动工具"▶⊕,将鼠标光标放在选区内,按住鼠标左键不放并拖动光标到合适的位置,释放鼠标即完成移动选区内图像的操作。如图 1-22 所示为移动选区内图像的效果图。由该图可知,在背景层上完成移动选区图像的操作后,原选区内将被填入背景色。在执行"取消选择"操作之前,移动后的选区图像始终比原图像的当前图层高出一层。而一旦执行了"取消选择"操作,移动后的选区图像就会与原图像的当前图层融合。

图1-22 移动选区内的图像效果图

在不同图片中移动选区内图像的具体操作方法如下:

(1)打开两幅图片,单击程序栏的"排列文档"按钮▦,在弹出的列表中单击"全部按网格拼贴"按钮▦,使图像的编辑窗口互不遮掩。

(2)使用选区工具在其中一幅图片中建立选区,然后利用移动工具将选区内的图像移至另一幅图片中的适当位置处即可完成操作。如图 1-23 所示为将选区图像移至另一幅图片中的效果图。

图1-23　移动选区内的图像到另一幅图片中的效果图

💬 贴心提示

(1)不同文件之间的对象移动时,是在源文件中复制后在新文件中粘贴。

(2)移动时按下 Shift 键,可以做 45°角倍数的移动,比如进行水平或垂直移动。

(3)在一个文件中对一个对象移动时按下"Alt"键,表明对原有对象复制后粘贴到移动后的位置。

(4)背景层不能在本文件内移动,但可移动到其他文件中去。

## 📇 项目制作

### 任务1　打开4张图片并将尺寸统一调整成400像素×300像素

① 执行"文件"→"打开"命令,在弹出的"打开"对话框中打开第一张素材图片"春天.jpg"。

② 执行"图像"→"图像大小"命令,在弹出的"图像大小"对话框中设置图像宽度为400像素,高度为300像素,并取消"约束比例"复选框,如图1-24所示。

③ 单击"确定"按钮。执行"图像"→"画布大小"命令,在弹出的"画布大小"对话框中设置画布宽度为400像素,高度为300像素,并确定图片在画布上的相应位置为"中上",如图1-25所示。

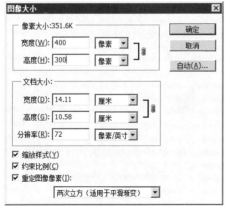

图1-24　"图像大小"对话框

图1-25　"画布大小"对话框

④单击"确定"按钮。重复以上 3 步骤,将其余 3 张素材图片都改成 400 像素×300 像素大小。

## 任务 2　将所有素材图片合成到一个新的文件中

①执行"文件"→"新建"命令,打开"新建"对话框,输入文件名称为"花儿四季",设置图像大小为 800 像素×600 像素,其他为默认值,如图 1-26 所示。

②激活已经改变大小的素材图片"春天.jpg",执行"选择"→"全部"命令选取整个图像文件。

③在选择状态下,执行"编辑"→"拷贝"命令,复制被选取的内容。

④激活新建的文档,执行"编辑"→"粘贴"命令,粘贴被选取的内容。此时"图层"调板中将增加一个新的图层"图层 1",如图 1-27 所示。

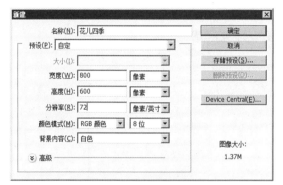

图1-26　"新建"对话框

图1-27　"图层"调板

⑤用"移动工具" ▶✛ 将粘贴的图像移动到文件的左上角。

⑥重复步骤②~⑤,将其余的 3 幅已经调整尺寸的素材图片粘贴到新文件中并调整到适当的位置,效果如图 1-28 所示。

图1-28　图片合成效果

### 任务 3　为新建的图像文件配上标题文字

①单击工具箱中的"横排文字工具" **T**,在工具选项栏中设置字体为"华文彩云",大小为 60 点,颜色为 RGB(242,183,10)。输入文本"花儿四季"并单击工具选项栏右侧的"提交当前所有编辑"按钮 ✔,结束文本的输入。

②用"移动工具" ▶♣ 将文本移动到适当的位置。

③右击"图层"调板中的文字图层,在弹出的快捷菜单中选择"混合选项",打开"图层样式"对话框,分别勾选"投影"与"外发光"样式,参数为默认,单击"确定"按钮。

④执行"文件"→"存储"命令,打开"存储为"对话框,选择保存的位置,输入文件名称,并确定保存的格式,如图 1-29 所示,单击"保存"按钮,弹出"Photoshop 格式选项"提示框,单击"确定"按钮。最终效果如图 1-1 所示。

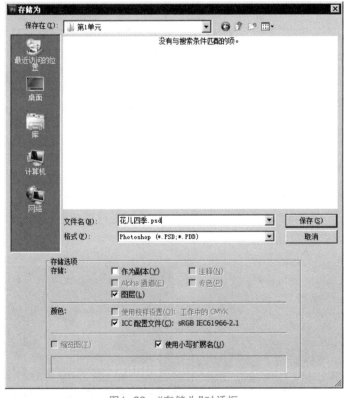

图1-29　"存储为"对话框

**项目小结**

　　通过本项目学习,掌握新建文件和保存文件的方法,学会图片的复制及图像大小的调整。当打开一个图像文件时,其大小的调整可以通过图像窗口来进行,画布的调整可以通过画布大小窗口来进行。

## 项目 2
## 调整倾斜的照片

微视频：
调整倾斜的照片

### 项目描述

有时我们在外出拍照时，由于相机摆放位置的误差，使得拍出的照片是倾斜的，如何在后期处理中将其扶正，是 Photoshop 应用上必备的技术。下面将一张倾斜的照片扶正，其对比效果如图 1-30 所示。

图1-30　"调整倾斜的照片"效果

### 项目分析

该项目首先运用"自由变换"命令旋转图片，以扶正画面；然后运用"剪裁工具"将叠影裁切掉，即可调整倾斜的照片。本项目可分解为以下任务：

- 图像的变换
- 图像的剪裁

### 项目目标

- 掌握图像的变换方法
- 掌握图像的裁切方法

### 知识卡片

一、图像的变换

图 1-31"变换"子菜单的各菜单命令图像的变换和自由变换可以通过执行"编辑"→"自由变换"命令或者按下"Ctrl+T"快捷键来对图像任意地改变位置、大小和角度。也可以通过执行"编辑"→"变换"子菜单的各菜单项（如图 1-31 所示）对选区图像进行翻转、旋转、斜切、缩放、扭曲和透视等操作。

图1-31　"变换"子菜单的各菜单命令

当执行"编辑"→"自由变换"命令或按"Ctrl+T"快捷键就会调出变换图像控制框,将光标置于控制点上,当光标变为 时,按住鼠标进行拖动,可以对图像进行缩放操作;当光标变 为时,按住鼠标进行拖动,可以对图像进行旋转。

## 二、图像的裁切

### 1.使用裁切工具裁切图像

选择工具箱中的"裁剪工具" ,在图像中拖曳出矩形裁切框,如图 1-32 所示。裁切框的四周有 8 个控制点,在控点上拖曳鼠标可以调整裁切框的大小,如图 1-33 所示。

图1-32　"裁剪工具"的使用

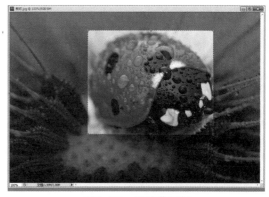

图1-33　调整裁切框

裁切框绘制好后,单击工具箱中的任意工具,将弹出"Photoshop 警告"对话框,如图 1-34 所示。单击"裁剪"按钮,留下裁切框以内的部分,以外的部分被裁剪掉,效果如图 1-35 所示。

图1-34　"Photoshop警告"对话框　　　　　　　　图1-35　裁切图片效果

💬 贴心提示

　　在编辑图像时,裁剪区域选定后,直接在区域内双击鼠标左键,即可裁剪出所需要的图像;按"Esc"键,可以取消裁切框。在工具选项栏中可以输入固定的长宽与分辨率,确定裁切部分的大小。裁切工具只能把图像裁切成方形。

### 2.使用裁切命令裁切图像

　　裁切命令是通过移去不需要的图像数据来裁切图像的,其方法是通过裁切周围的透明像素或指定颜色的背景像素来裁切图像。

　　打开如图1-36所示图像,执行"图像"→"裁切"命令,打开"裁切"对话,点选"透明像素"单选框,如图1-37所示,单击"确定"按钮,将修整掉图像边缘的透明区域而保留下包含非透明像素的最小图像,效果如图1-38所示。

图1-36　原图

图1-37　"裁切"对话框

图1-38　根据透明像素裁切

如果在"裁切"对话框中点选"左上角像素颜色"或"右下角像素颜色"单选框,则是从图像上移去左上角或右下角像素颜色的区域,是根据颜色进行裁切的。

3.使用裁剪命令裁切图像

裁剪命令裁切图像必须先建立选区才能使用,否则该命令不能执行。

例如,对于如图1-39所示的已经建立椭圆选区的图片,执行"图像"→"裁剪"命令,选区外的区域将被裁切掉,效果如图1-40所示。

图1-39 已建立选区的原图      图1-40 根据选区范围裁切

## 项目制作

### 任务1 图像的变换

①执行"文件"→"打开"命令,在弹出的"打开"对话框中选择"倾斜照片.jpg",打开需要扶正的图片,此时的图片效果如图1-41所示。

②将"背景"图层拖至图层调板下方的"创建新图层"按钮 上,复制出"背景 副本"图层,执行"编辑"→"自由变换"命令,调出自由变换控制框,旋转控制框至如图1-42所示的位置,将照片扶正,然后单击工具选项栏上的"进行变换"按钮 进行确认。

图1-41 打开的素材图片      图1-42 旋转图片扶正照片

### 任务2　图像的裁剪

①使用"裁剪工具"在画面中拖出如图 1-43 所示的选框,以去除两个图层间的叠影,然后在选框中双击鼠标,确认"裁切"操作,得到如图 1-44 所示效果,可以看到倾斜的照片被调整好了。

图1-43　裁切图片

图1-44　调整好的照片

②执行"文件"→"存储"命令,在弹出的"存储为"对话框中以"调整倾斜的照片.psd"为文件名保存文件。

### 项目小结

　图像裁切是利用"裁切工具"来完成的。方法是用鼠标拖拉出矩形选框,形成选择的选框,选框外的部分将被裁切掉,双击鼠标或按回车键后,文件将会只留下选择的区域部分,如果按下"Esc"键就表明放弃裁切操作,文件将还原到最初形态。

### 知识拓展

#### 一、色彩属性

色彩即颜色,可以分为非彩色和彩色两大类。非彩色指黑色、白色和各种深浅不一的灰色,而其他所有颜色均属于彩色。

从心理学和视觉的角度出发,彩色具有三个属性:色相、明度、纯度。

**1.色相**

也叫色调,指颜色的种类和名称,是指颜色的基本特征,是一种颜色区别于其他颜色的因素。色相和色彩的强弱及明暗没有关系,只是纯粹表示色彩相貌的差异。如红、黄、绿、蓝、紫等为不同的基本色相。

**2.明度**

也叫亮度,指颜色的深浅、明暗程度,没有色相和饱和度的区别。不同的颜色,反射的光量强弱不一,因而会产生不同程度的明暗。黑、灰、白能形象地表达这一特质。

### 3.纯度

也叫饱和度,指色彩的鲜艳程度。原色最纯,颜色的混合越多则纯度逐渐减低。如某一鲜亮的颜色,加入了白色或者黑色,使得它的纯度降低,颜色趋于柔和、沉稳。

## 二、色彩深度

色彩深度是指图像中所包含颜色的数量。常见的色彩深度有 1 位、8 位、16 位、24 位和 32 位,其中 1 位的图像中只包含黑色和白色两种颜色。8 位图像的色彩中共包含 2 的 8 次方即 256 种颜色或 256 级灰阶。随着图像色彩位数的增加,每个像素的颜色范围也在增加。

## 三、颜色模式

颜色模式决定了用于显示和打印图像的颜色类型,它决定了如何描述和重现图像的色彩。常见的压缩类型包括 HSB(色相,纯度,明度)、RGB(红,绿,蓝)、CMYK(青,洋红,黄,黑)和 Lab 等。

### 1.RGB颜色模式

我们每天面对的显示器便是根据这种特性,由 RGB 组成颜色。R 表示红色(Red),G 表示(Green),B 表示(Blue)。利用这种基本颜色进行颜色混合,可以配制出绝大部分肉眼能看到的颜色。

显示器是通过发射三种不同强度的光束,使屏幕内侧上覆盖的红、绿、蓝磷光材料发光,从而产生颜色。这种由电子束激发的点状色彩被称作"像素(Pixel)"。屏幕的像素能显示 256 灰阶色调,我们在 Photoshop 中就是通过调整各颜色的值(0~255)产生不同的颜色。现在我们的系统都支持 24 位的颜色数,也就是我们所说的上百万种真彩色。

### 2.CMYK颜色模式

接触过印刷的人都知道,印刷制版的颜色是青(Cyan)、洋红(Magenta)、黄(Yellow)和黑(Black)。这就是 CMYK 颜色模式。

C、M、Y、K 的数值范围是 0~100,当 C、M、Y、K 的数值都为 0 时,混合后的颜色为纯白色,当 C、M、Y、K 都为 100 时,混合后的颜色为纯黑色。这种颜色模式的基础不是增加光线,而是减去光线,所以青、洋红和黄称为"减色法三原"。

显示器是发射光线,而印刷的纸张自然无法发射光线,它只吸收和反射光线,使用红、绿、蓝的补色来产生颜色,这样反射的光就是我们需要的颜色。

在处理图像时,一般不采用 CMYK 模式,因为这种模式的图像文件占用的存储空间较大;此外,在这种模式下 Photoshop 提供的很多滤镜都不能使用,人们只在印刷时才将图像颜色模式转换为 CMYK 模式。

### 3.Lab颜色模式

Lab 是 CIE(国际照明委员会)指定的标示颜色的标准之一。它同我们似乎没有太多的关系,而是广泛应用于彩色印刷和复制层面。

L:指的是亮度;a:由绿至红;b:由蓝至黄。

CIE 色彩模式是以数学方式来表示颜色,所以不依赖于特定的设备,这样确保输出设备经校正后所代表的颜色能保持其一致性。

Lab 色彩空间涵盖了 RGB 和 CMYK。

而 Photoshop 内部从 RGB 颜色模式转换到 CMYK 颜色模式，也是经由 Lab 做中间量完成的。

其中 L 的取值范围为 0~100,a 分量代表由深绿—灰—粉红的颜色变化,b 分量代表由亮蓝—灰—焦黄的颜色变化,且 a 和 b 的取值范围均为 -120~120。

#### 4.索引颜色模式

索引颜色模式采用一个颜色表存放并索引图像中的颜色，这种颜色模式的像素只有 8 位，即图像只有 256 种颜色。这种颜色模式可极大地减小图像文件的存储空间,因此经常作为网页图像与多媒体图像,网上传输速度较快。

#### 5.灰度模式

图像有 256 个灰度级别,从亮度 0(黑)到 255(白)。如果要编辑处理黑白图像,或将彩色图像转换为黑白图像,可以制定图像的模式为灰度,由于灰度图像的色彩信息都从文件中去掉了,所以灰度相对彩色来讲文件容量要小得多。

## 四、图像文件的格式

常见的图像文件格式有 PSD 格式、BMP 格式、JPEG 格式、TIFF 格式和 EPS 格式等。

#### 1.PSD格式

这是 Adobe 公司的图像处理软件 Photoshop 的专用格式 Photoshop Document(PSD)。PSD 包含有各种图层、通道、遮罩等多种设计的样稿,以便于下次打开文件时可以修改上一次的设计。在 Photoshop 所支持的各种图像格式中,PSD 的存取速度比其他格式快很多,功能也很强大。由于 Photoshop 被广泛应用,这种格式也会逐步成为主流格式。

#### 2.BMP格式

BMP是英文 Bitmap(位图)的简写,它是 Windows 操作系统中的标准图像文件格式,能够被多种 Windows 应用程序所支持。随着 Windows 操作系统的流行与丰富的 Windows 应用程序的开发,BMP 位图格式理所当然地被广泛应用,这种格式的特点是包含的图像信息较丰富,几乎不进行压缩,但由此导致了它与生俱生来的缺点——占用磁盘空间过大。

#### 3.JPEG格式

JPEG也是常见的一种图像格式,文件的扩展名为.jpg 或.jpeg,其压缩技术十分先进,它用有损压缩方式去除冗余的图像和彩色数据,获得极高压缩率的同时能展现十分丰富生动的图像,换句话说,就是可以用最少的磁盘空间得到较好的图像质量。

同时 JPEG 还是一种很灵活的格式,具有调节图像质量的功能,允许用户用不同的压缩比例对这种文件压缩,比如我们最高可以把 1.37MB 的位图文件压缩至 20.3KB。

因为 JPEG 格式的文件尺寸较小,下载速度快,现在各类浏览器均支持 JPEG 这种图像格式,使得 Web 页有可能以较短的下载时间提供大量美观的图像。由于 JPEG 优异的品质和杰出的表现,它的应用也非常广泛,特别是在网络和光盘读物上,肯定都能找到它的影子。

#### 4.TIFF格式

TIFF(Tag Image File Format)是 Mac 中广泛使用的图像格式,它由 Aldus 和微软联合开发,最初是出于跨平台存储扫描图像的需要而设计的。该格式有压缩和非压缩两种形式,其中压缩可采用 LZW 无损压缩方案存储,它的特点是结构较为复杂,兼容性较差。

这种格式文件存储信息多,图像的质量好,非常有利于原稿的复制,是电脑上使用最广泛的图像文件格式之一。

### 5.EPS格式

EPS(Encapsulated PostScript)是比较少见的一种格式,而苹果 Mac 机的用户则用得较多。它是用 PostScript 语言描述的一种 ASCII 码文件格式,主要用于排版、打印等输出工作。

## 五、Photoshop的功能

Photoshop是强大的图像处理能手,它将展现给用户无限的创造空间和无穷的艺术享受。

### 1.印刷图像的处理

印刷图像的处理主要应用于产品广告、封面设计、宣传页设计、包装设计等。在日常生活中所见到的非显示类的图像中,有80%是经过 Photoshop 处理制作的。

### 2.网页图像处理

网页上见到的静态图像,有85%以上是经过 Photoshop 处理的。在保存这些图像时,为了缩小图像文件的尺寸,可在 Photoshop 中将图像保存为网页。

### 3.协助制作网页动画

网页上大部分的 GIF 动画是由 Photoshop 协助制作的。GIF 动画是网页动画的主流,因为它不需要任何播放器的支持。

### 4.美术创作

Photoshop 为美术设计者和艺术家带来了方便,可以不用画笔和颜料,随心所欲地发挥自己的想象,创作自己的作品。美术设计者可以使用 Photoshop 的工具调整选项,并利用滤镜的多种特殊效果使自己的作品更具有艺术性。

### 5.辅助设计

在众多的室内设计、建筑效果图等立体效果的制作过程中离不开 Maya、3ds max、AutoCAD 等大型的三维处理软件。但是在最后渲染输出时还是离不开 Photoshop 的协助处理。

### 6.照片处理

Photoshop 在数码照片的处理上更是功能齐备,可以用 Photoshop 完成旧照翻新、黑白相片、色彩调整和匹配、艺术处理等工作。

### 7.制作特殊效果

Photoshop 各种丰富的笔刷、图层样式、滤镜等为制作特殊效果提供了很大的方便,无论是单独使用某种工具或是综合运用各种技巧,Photoshop 都能创造出神奇精彩的特殊效果。

### 8.在动画与CG设计领域制作模型

随着计算机硬件技术的不断提高,计算机动画也发展迅速,利用 Maya、3ds max 等三维软件制作动画时,其中的模型贴图和人物皮肤都是通过 Photoshop 制作的。

## 六、图像的浏览

图像放大以后,在图像文件的窗口中只能显示部分图像,这时可以使用下面的方法浏览图像:

(1)单击工具箱中的"抓手工具" ,在图像中拖曳光标到要显示的图像区域即可,如图1-45 所示。

(2)使用"抓手工具",在"导航器"调板中拖曳光标到要显示的图像区域即可,如图 1-46 所示。

图1-45　使用"抓手工具"浏览图像　　　　图1-46　使用"导航器"浏览图像

## 七、颜色设置

### 1.颜色设置按钮

在工具箱中单击"设置前景色"按钮或"设置背景色"按钮,如图 1-47 所示,将弹出"拾色器"对话框,如图 1-48 所示。在"拾色器"对话框中可以选取所需的颜色来替换原来的颜色。

 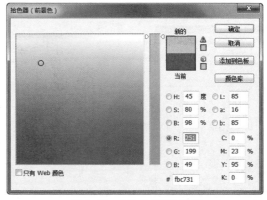

图1-47　颜色设置按钮　　　　　图1-48　"拾色器"对话框

💬 贴心提示

单击"默认背景色和前景色"按钮 ▣,前景色与背景色自动设置为黑白色;单击"切换背景色与前景色"按钮 ↰,前景色与背景色的颜色互换。

### 2.吸管工具

选择工具箱中的"吸管工具" ✐,在文档编辑窗口中单击选取颜色。用"吸管工具"直接在图像中单击可以替换前景色,按下"Alt"键再在图像中单击可以替换背景色。

**3.颜色调板**

在"颜色"调板中单击前景色或背景色按钮,再用鼠标拖曳滑块,可以替换前景色或背景色,如图 1-49 所示。

**4.色板调板**

"色板"调板用于快速选取颜色。当光标指向"色板"调板中的色块时,会变成吸管形状,如图 1-50 所示,单击即可直接选取颜色。

单击"色板"调板右上角的菜单按钮 ▼≣,在弹出的菜单中可以进行新建、复位、载入、存储和替换等操作。

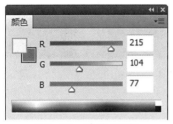

图1-49　"颜色"调板

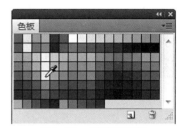

图1-50　"色板"调板

## 八、"历史记录"调板

"历史记录"调板是 Photoshop 一个非常有用的工具。在对图像进行操作时,它可以帮助用户撤销前面所进行的操作并可在图像处理过程中为当前处理结果创建快照及将当前处理的结果保存起来。如图 1-51 所示。

图1-51　"历史记录"调板

当用户打开一个图像文件后,系统将自动地把图像文件的初始状态记录在快照区,快照名称为文件名。用户只要单击该快照即可撤销打开文件后所执行的全部操作。而要撤销指定步骤后所执行的系列操作,只需单击操作步骤区中的该步操作即可。

如果撤销了某些步骤,但又未执行其他操作,用户还可以恢复被撤销的步骤。此时只需单击要恢复的一系列步骤中的最后一步,则其前面的所有步骤及本步骤均可被恢复。

快照就是图像处理的某个状态。当创建快照后,无论以后进行什么操作,系统均会保存该状态。默认情况下,系统会为每个打开的图像文件创建一个快照。如果要为某个状态的图像创建快照,单击"历史记录"调板上的"创建新快照"按钮  即可。

💬 **贴心提示**

如果同时打开多个图像文件,则每个图像文件均有与之相对应的"历史记录"调板。"历史记录"调板中只能保存有限的操作步骤(默认为 20),当操作步骤太多时,将导致无法撤销某些操作。此时,利用快照可以解决这类问题。保存文件时不保存快照,因此,关闭文件后快照将消失。

本单元共完成 2 个项目,学完后应实现以下目标:

◆ 了解计算机中图像的类型。

◆ 了解位图的组成和特点。

**单元小结** ◆ 了解位图与矢量图的区别。

◆ 掌握新建文件的方法。

◆ 掌握打开图像的方法。

◆ 掌握图像文件的操作。

◆ 掌握图像及画布大小的调整。

◆ 了解色彩的属性及计算机中的颜色模式。

◆ 熟悉计算机中图像文件的格式。

**实 训 练 习**　　1.仿照"花儿四季"拼图的制作方法制作"美丽校园"拼图,参考效果如图 1−52 所示。

图1−52　"美丽校园"拼图

2.仿照"调整倾斜的照片"的方法校正如图 1-53 所示照片的倾斜问题,参考效果如图 1-54 所示。

图1-53　倾斜的照片

图1-54　调整后照片

第 **2** 单元
选区的应用

本单元主要学习选区的创建和选区的应用,以及选区的操作和图像的操作,以便可以使用选区工具绘制图形,通过存储选区、载入选区制作证件照,另外还可以通过选取图像进行图像合成。

本单元将按以下 2 个项目进行:

项目 1　绘制阿迪达斯 Logo。

项目 2　制作证件照。

---

**项目1**
**绘制阿迪达斯 Logo**

微视频:
绘制阿迪达斯 Logo

 项目描述

阿迪达斯的"三叶草"Logo深受广大青少年的喜爱,这里我们利用选区工具及便捷操作功能来绘制它吧。其效果如图2-1所示。

 项目分析

Logo的绘制需要使用多种选区工具和与选区相关的操作,绘制时一定要注意各部位的大小和比例。本项目可分解为以下任务:

- 绘制单片叶。
- 获取三叶草。
- 添加横向线条。
- 输入文字信息。

图2-1　阿迪达斯Logo效果

 项目目标

- 选区的创建及编辑。
- 颜色的填充。
- 选区的基本操作。

**知识卡片**

### 一、选框工具

选框工具有4个,它们是"矩形选框工具""椭圆选框工具""单行选框工具"和"单列选框工具",如图2-2所示。选框工具组的工具是用来创建规则选区的。

● "矩形选框工具" ▫ :单击该工具,鼠标指针变为 ✛ 状,拖动鼠标即可在文档编辑窗口内创建一个矩形选区,如图2-3所示。

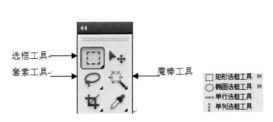

图2-2　选区工具和选框工具组　　　　图2-3　矩形选区

● "椭圆选框工具" ○ :单击该工具,鼠标指针变为 ✛ 状,拖动鼠标即可在文档编辑窗口内创建一个椭圆选区,如图2-4所示。

● "单行选框工具" ▭ :单击该工具,鼠标指针变为 ✛ 状,拖动鼠标即可在文档编辑窗口内创建一个一行单像素选区,如图2-5所示。

● "单列选框工具" ▯ :单击该工具,鼠标指针变为 ✛ 状,拖动鼠标即可在文档编辑窗口内创建一个一列单像素选区,如图2-5所示。

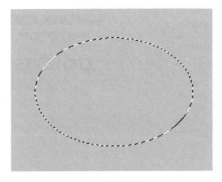

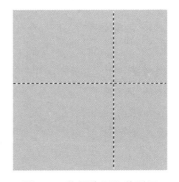

图2-4　椭圆选区　　　　　　　图2-5　单行选区和单列区

 **贴心提示**

在使用相应选框工具时,按住"Shift"键,可以创建一个正方形或圆形的选区。按住"Alt"键,可以创建一个以鼠标单击点为中心的矩形或椭圆形的选区。按住"Shift+Alt"键,可以创建一个以鼠标单击点为中心的正方形或圆形的选区。

如图2-6所示为"矩形选框工具"的选项栏。

图2-6　矩形选框工具的选项栏

(1)"设置选区形式"按钮：由4个按钮组成，其作用如下：

● "新选区"按钮■：单击该按钮后，只能创建一个新选区。在此状态下，如果已经有了一个选区，再创建一个选区，则原来的选区将消失。

● "添加到选区"按钮■：单击该按钮后，如果已经有了一个选区，再创建一个选区，则新选区与原来的选区连成一个新的选区。例如，一个椭圆选区和另一个与之相互重叠一部分的椭圆选区连成一个新的选区，如图2-7所示。

● "从选区里减去"按钮■：单击该按钮，可在原来选区上减去与新选区重合的部分，得到一个新选区。例如，一个椭圆选区和另一个相互重叠一部分的椭圆选区连成一个新的选区，如图2-8所示。

● "与选区交叉"按钮■：单击该按钮，可以只保留新选区与原来选区重合的部分，得到一个新选区。例如，一个椭圆选区与另一个矩形选区重合部分的新选区，如图2-9所示。

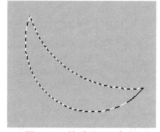
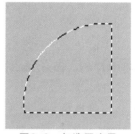

图2-7　添加到选区　　　图2-8　从选区里减去　　　图2-9　与选区交叉

 贴心提示

　　按住"Shift"键，拖曳出一个新选区，也可使新创建的选区与原选区合成一个新选区；按住"Alt"键，拖曳出一个新选区，也可完成从选区减去的功能；按住"Shift+Alt"键，拖曳出一个新选区，也可以产生新选区与原选区重合部分的新选区。

(2)"羽化"文本框：在该文本框内可以设置选区边界线的羽化程度。数值的单位是px(像素)，数字是0时，表示不进行羽化。

● "消除锯齿"复选框：单击"椭圆选框工具"后，该复选框变为有效，选中它后，可以使选区边界平滑。

(3)"样式"列表框：单击"椭圆选框工具"或"矩形选框工具"后，该列表框变为有效。它有3个样式，如图2-10所示。

● 选择"正常"，可以创建任意大小的选区。

● 选择"固定比例"："样式"列表框右边的"宽度"和"高度"文本框变为有效，可在这两个文本框内输入数值，以确定长宽比，使

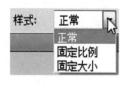

图2-10　样式列表框

以后创建的选区符合该长宽比。

● 选择"固定大小"：此时"样式"列表框右边的"宽度"和"高度"文本框变为有效，可在这两个文本框内输入数值，以确定选区的尺寸，使以后创建的选区符合该尺寸。

## 二、选区的操作

### 1.移动选区

将鼠标指针移到选区内部，此时鼠标指针变为 ▶ 状，拖曳鼠标，即可移动选区。如果按住"Shift"键，同时再拖曳鼠标，可以使选区在水平、垂直或45°角整数倍斜线方向移动。

### 2.取消选区

执行"选择"→"取消选择"命令或按"Ctrl+D"组合键，可以取消选区。另外，在"与选区交叉"或"新选区"状态下，单击文档编辑窗口内选区外任意处，也可取消选区。

恢复取消的选区：如果要重新恢复取消的选区，可执行"选择"→"重新选择"命令或按"Ctrl+Shift+D"组合键。

### 3.隐藏选区

执行"视图"→"显示"→"选区边缘"命令，使它左边的对勾取消，即可使选区边界的流动线消失，隐藏选区。虽然选区隐藏了，但对选区的操作仍可进行。如果要使隐藏的选区再显示出来，可重复刚才的操作，使"选区边缘"命令左边的对勾出现。

### 4.存储选区

执行"选择"→"存储选区"命令，打开"存储选区"对话框，如图2-11所示。输入名称即可保存创建的选区，以备以后使用。

### 5.载入选区

执行"选择"→"载入选区"命令，打开"载入选区"对话框，如图2-12所示。选择选区名称可以载入以前保存的选区。在该对话框的"操作"栏内点选不同的单选项，可以设置载入的选区与已有的选区之间的关系。

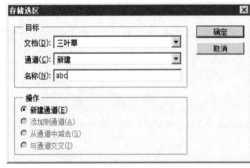

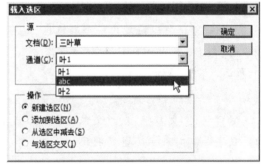

图2-11 "存储选区"对话框　　　　　图2-12 "载入选区"对话框

### 6.变换选区

变换选区的方式有两种，一种是对已有选区的缩放、拉伸和旋转操作；另一种是对选区的内容进行缩放、拉伸和旋转操作。

(1)对选区的变换：对于一个已经创建的选区，执行"选择"→"变换选区"命令，则选区四周会出现一个带有调节手柄的矩形，通过拖动调节手柄，可对选区进行缩放及旋转操作，双击或按"Enter"键完成选区的变换。"变换选区"命令只改变选区范围,而不会改变选区的内容,如图2-13所示。

（2）对选区内容的变换：如果想改变选区的内容,执行"编辑"→"变换"下的各菜单命令,即可按选定的方式对选区的内容进行缩放、旋转、斜切、扭曲和透视等操作。变换菜单命令如图2-14所示,效果如图2-15所示。

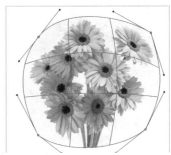

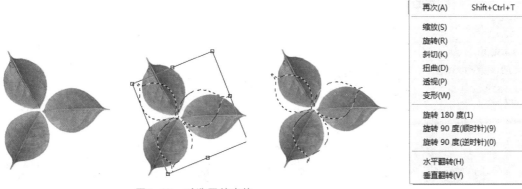

图2-13　对选区的变换

图2-14　变换菜单

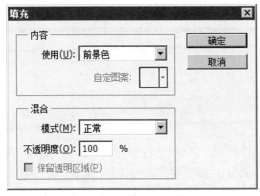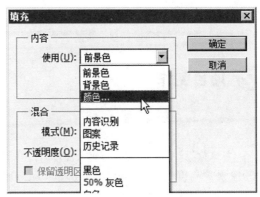

图2-15　斜切效果（左）、透视效果（中）和变形效果（右）

### 7.填充选区

执行"编辑"→"填充"命令,打开"填充"对话框,如图2-16所示。在此可以对选区进行颜色填充。在"填充"对话框中,可在"使用"下拉列表中选择各种填充方式,如图2-17所示。

图2-16　"填充"对话框

图2-17　"使用"下拉列表

贴心提示

如果按下"Alt+Delete"组合键,可以对选区填充前景色;如果按下"Ctrl+Delete"组合键,可以对选区填充背景色。

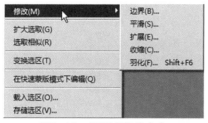

图2-18　"修改"菜单命令

### 8.选区的调整

在绘制选区的时候, 有时需要对选区进行精确的缩放和平滑、羽化等操作,从而得到所需的选区。

执行"选择"→"修改"命令下的各菜单命令即可按选定的操作对选区进行调整。"修改"菜单命令如图2-18所示,效果如图2-19所示。

图2-19　从左到右依次为执行"边界""平滑""收缩"命令效果

### 9.取消选区

执行"选择"→"取消选择"命令,或按"Ctrl+D"快捷键可以取消所创建的选区。

### 10.清除选区内容

执行"编辑"→"清除"命令,或按"Delete"键可以清除选区里的内容,使其成为透明。

### 11.反选选区

执行"选择"→"反向"菜单命令,创建原选区外其他内容的选区。

### 12.创建整个画布为一个选区

选取整个画布为一个选区:执行"选择"→"全选"命令或按"Ctrl+A"快捷键,即可将整个画布选取为一个选区。

 **项目制作**

*任务1　绘制单片叶*

①执行"文件"→"新建"命令,打开"新建"对话框,新建一个"名称"为三叶草,"宽度"为800像素,"高度"为600像素,"分辨率"为200像素/英寸,"颜色模式"为RGB,"背景"为白色的图像文件,如图2-20所示。

②单击"确定"按钮,新建空白文档。执行"视图"→"显示"→"网格"命令,打开网格显示,如图2-21所示。

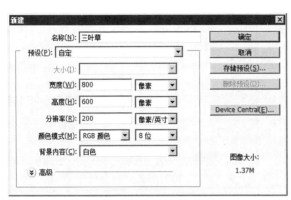

图2-20　"新建"对话框　　　　　　　　　　　图2-21　显示网格

③单击工具箱中的"矩形选框工具" ,在工具选项栏中单击"样式"下三角,在弹出的列表中选择"固定大小",并设置"宽度"和"高度"均为425像素,在文档编辑窗口中创建一个固定大小的正方形选区,如图2-22所示。

④单击工具箱中的"椭圆选框工具" ,在工具选项栏中单击"与选区交叉"按钮 ,同样设置样式为"固定大小","宽度"和"高度"均为425像素,在文档编辑窗口正方形选区的上条边中间单击鼠标,获得一个与正方形选区交叉的半圆形选区,如图2-23所示。

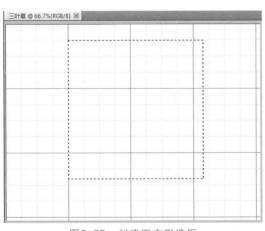

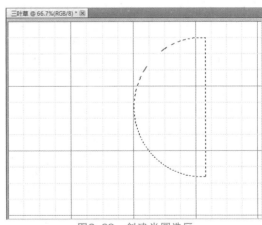

图2-22　创建正方形选区　　　　　　　　　　图2-23　创建半圆选区

⑤再次使用"椭圆选框工具" 在文档编辑窗口左侧第4行2列处单击鼠标,得到一个单片叶状选区,如图2-24所示。

⑥单击工具选项栏的"新选区"按钮 ,将光标移至叶形选区中间,则光标变为 形状,此时拖动鼠标即可移动选区的位置,如图2-25所示。

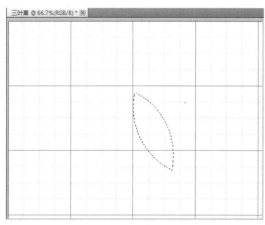

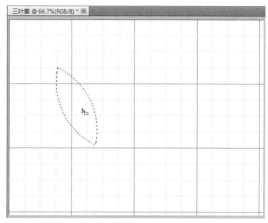

图2-24   创建单片叶选区                    图2-25   改变选区的位置

## 任务2   获取三叶草

①执行"选择"→"存储选区"命令,打开"存储选区"对话框,在"名称"栏输入"叶1",如图2-26所示。

②单击"确定"按钮,保存当前选区。执行"选择"→"变换选区"命令,调出变换框,对选区进行旋转变换,并移到适当位置,如图2-27所示。

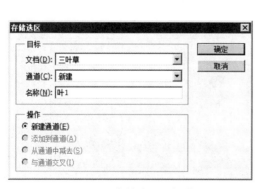

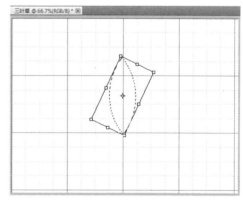

图2-26   "存储选区"对话框                图2-27   变换选区

③单击"Enter"键确认变换,执行"选择"→"存储选区"命令,打开"存储选区"对话框,在"名称"栏输入"叶2",单击"确定"按钮,保存变换的选区。

④执行"选择"→"变换选区"命令,调出变换框,对选区进行旋转变换,并移到适当位置,如图2-28所示。

⑤单击"Enter"键确认变换,执行"选择"→"载入选区"命令,打开"载入选区"对话框,在"通道"列表中选择"叶1",并点选"添加到选区"单选框,如图2-29所示。

⑥使用同样方法载入"叶2"选区,得到如图2-30所示选区。

⑦新建"图层1",如图2-31所示。单击工具箱前景色按钮,打开"拾色器(前景色)"对话框,设置前景色为RGB(0,60,1800),如图2-32所示。

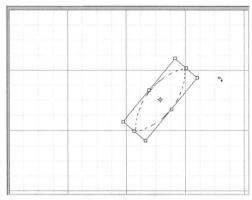

图2-28  变换选区并移位

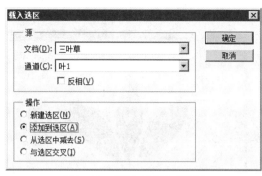

图2-29  "载入选区"对话框

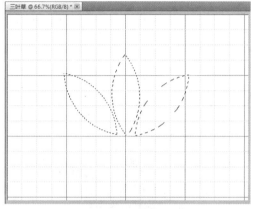

图2-30  载入叶1和叶2选区

图2-31  新建图层1

⑧单击"确定"按钮,完成前景色设置。按"Alt+Delete"组合键填充前景色,然后再按"Ctrl+D"快捷键取消选区,效果如图2-33所示。

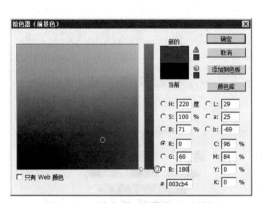

图2-32  "拾色器(前景色)"对话框

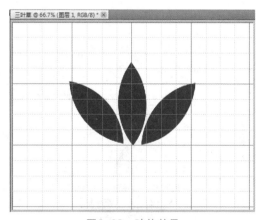

图2-33  叶片效果

任务3  添加横向线条

①单击"单行选框工具" ，在图层1上创建如图2-34所示的选区。

②执行"选择"→"修改"→"扩展"命令,打开"扩展选区"对话框,设置"扩展量"为10像素,如图2-35所示。

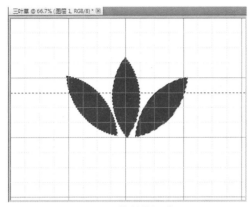

图2-34    绘制单行选区                图2-35    "扩展选区"对话框

③单击"确定"按钮,选区加宽,如图2-36所示。按"Delete"键清除选区内容,效果如图2-37所示。

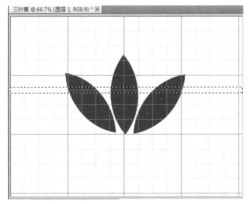

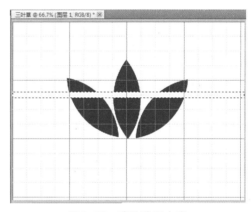

图2-36    扩展选区                        图2-37    清除选区内容

④使用键盘上的方向键将选区向下移至合适的位置,按"Delete"键清除选区内容,效果如图2-38所示,重复上述操作,得到如图2-39所示效果。

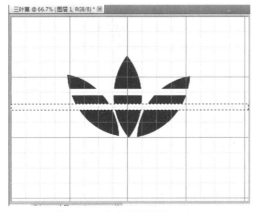

图2-38    移动选区并清除内容          图2-39    移动选区最后效果

⑤执行"选择"→"取消选择"命令，取消选区。再执行"视图"→"显示"→"网格"命令，取消网格显示，得到三叶草如图2-40所示。

图2-40　三叶草图形效果

## 任务4　输入文字信息

①单击"横排文字工具" **T**，在工具选项栏上设置字体为"Futura Md BT"，大小为"26"，颜色同图形颜色，其他参数如图2-41所示。

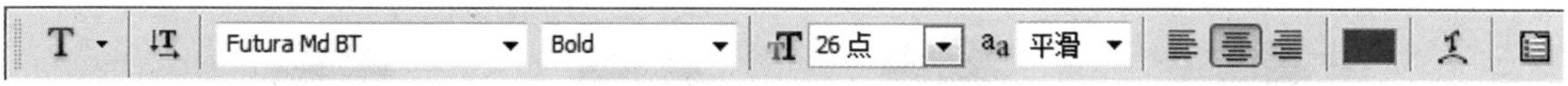

图2-41　文字工具参数设置

②在文档编辑窗口空白处单击，插入输入点，输入"adidas"，单击工具选项栏右侧的"提交当前所有编辑"按钮✔，结束输入，将文字移到合适位置，效果如图2-42所示。

③执行"文件"→"存储"命令，打开"存储为"对话框，选择保存的位置及文件类型，单击"保存"按钮，保存制作好的阿迪达斯Logo，最终效果如图2-1所示。

图2-42　文字效果

**项目小结**

通过本项目学习，应能灵活使用选区工具及掌握选区的编辑操作，可以绘制各种各样的图形。绘制选区及编辑选区时要掌握好选区大小比例，配合快捷键的使用，能提高图形的绘制效率。

项目2
制作证件照

微视频：
制作证件照

 项目描述

　　证件照是指各种证件上用来证明身份的照片。其背景多为红色、蓝色和白色,尺寸大小多为一寸或二寸。证件照是人们日常生活中经常用到的,学会制作证件照无疑可以为我们的生活提供方便。让我们开始制作整版的一寸标准证件照吧。参考效果如图2-43所示。

图2-43　"一寸证件照"效果

 项目分析

　　本项目首先使用"矩形选区工具"和"磁性套索工具"获取制作证件照的图像,然后将其定义成图案并制作整版证件照。本项目可分解为以下任务:

- 获取证件照图片。
- 制作整版证件照。

项目目标

- 复习选区工具的使用。
- 图案的定义及使用。
- 了解证件照行业标准。

**📖 知识卡片**

Photoshop中可以将打开的图像或选区的内容定义成图案,然后向画布或选区内填充系统自带或用户定义的图案。

## 一、定义图案

(1)打开如图2-44所示的图像,单击工具箱中的"矩形选框工具",确认工具选项栏中的"羽化"值为0,在图像中选择要作为图案的图像区域,如图2-45所示。

图2-44 打开的图像

图2-45 绘制矩形选区

(2)执行"编辑"→"定义图案"命令,在打开的"图案名称"对话框中输入图案名称,如图2-46所示。

(3)单击"确认"按钮,则所定义的图案即被添加到"图案拾色器"中,如图2-47所示。

## 二、填充图案

执行"编辑"→"填充"命令,打开"填充"对话框,此时可对选定的区域或画布进行图案填充。用户可在"使用"下拉列表中选择"图案",在"自定图案"中选择要填充的图案,如图2-48所示。

图2-46 "图案名称"对话框

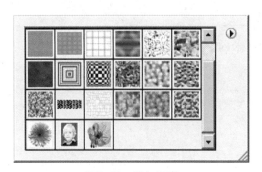

图2-47 添加图案

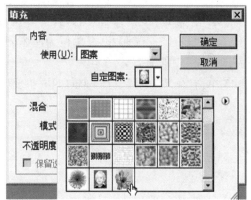

图2-48 "填充"对话框

**项目制作**

*任务1　获取证件照图片*

①执行"文件"→"打开"命令,在弹出的"打开"对话框中打开名为"美女"的素材图片,如图2-49所示。

②单击"裁剪工具"  ,在图像中裁剪出制作证件照的区域,如图2-50所示。

③单击属性栏"提交当前裁剪操作"按钮 ✓ ,裁剪图像。执行"图像"→"图像大小"命令,设置图像大小为一寸证件照的尺寸,即宽度为2.5厘米,高度3.5厘米,如图2-51所示。

图2-49　打开素材图片

图2-50　绘制矩形选区

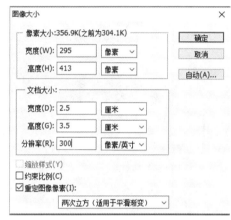

图2-51　"图像大小"对话框

💬 贴心提示

在婚纱影楼中,照片尺寸与长度单位的换算关系是:1寸=2.5厘米×3.5厘米;2寸=3.5厘米×5.3厘米;6寸=10.2厘米×15.2厘米。

④单击"确定"按钮,调整图像大小。执行"图像"→"画布大小"命令,打开"画布大小"对话框,勾选"相对"复选框,设置单位为厘米,尺寸为宽度0.4,高度0.4,选择画布扩展颜色为白色,如图2-52所示。

⑤单击"确定"按钮,将画布向四周扩充0.4厘米的白边,如图2-53所示。

图2-52　"画布大小"对话框

图2-53　扩充白边

任务2　制作整版证件照

①执行"编辑"→"定义图案"命令,打开"图案名称"对话框,在"名称"框中输入"一寸.jpg",如图2-54所示,单击"确定"按钮,将调整好的图片定义为图案。

图2-54　"图案名称"对话框

②执行"文件"→"新建"命令,打开"新建"对话框,设置"名称"为证件照,"宽度"为11.6厘米,"高度"为7.8厘米,"分辨率"为300像素/英寸,如图2-55所示,单击"确定"按钮,新建一个画布。

③执行"编辑"→"填充"命令,打开"填充"对话框,在"使用"下拉列表中选择"图案",在"自定图案"中选择前面保存的证件照图案,如图2-56所示。

图2-56　"填充"对话框

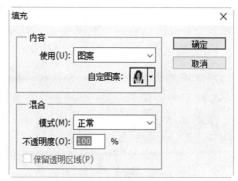

图2-55　"新建"对话框

④单击"确定"按钮,则整版证件照制作完成,效果如图2-57所示。执行"文件"→"存储"命令,在弹出的"存储为"对话框中以"一寸证件照.psd"为文件名保存文件。

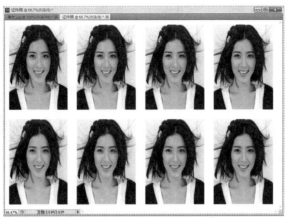

图2-57    整版证件照效果

💬 **贴心提示**

在证件照中，照片的背景可以是纯红色 R255、G0、B0，深红色 R220、G0、B0 和蓝色 R60、G140、B220。

**项目小结**

证件照在人们日常生活中经常用到，学会制作证件照无疑可以为我们的生活提供很多方便。证件照的制作方法很多，本项目介绍的是通过选区和图案填充的方法制作标准证件照。要制作证件照首先要了解证件照的行业标准，譬如尺寸和背景色要求等，这样才能制作出标准的证件照来。

📖 **知识拓展**

**一、套索工具**

套索有3个工具："套索工具" 🔾 、"多边形套索工具" 🔽 和"磁性套索工具" 🔽 ，如图2-58所示。套索工具组的工具是用来创建不规则选区的。

**1."套索工具"**

单击该工具，鼠标指针变为套索状 🔾 ，将光标在画布上沿着图像的轮廓拖曳，可以创建一个不规则的选区，如图2-59所示。当鼠标左键松开时，系统会自动将鼠标拖曳的起点与终点进行连接，形成一个闭合的区域。

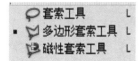

图2-58    套索工具组

图2-59    "套索工具"使用效果

**2."多边形套索工具"**

单击该工具,鼠标指针变为多边形套索状 ,单击多边形选区的起点,再依次单击多边形选区的各个顶点,最后回到起点处,当鼠标指针出现一个小圆圈时,单击多边形选区的起点,即可形成一个闭合的多边形选区。

**3."磁性套索工具"**

单击该工具,鼠标指针变为磁性套索状 ,用鼠标在画布内拖曳,最后回到起点处,当鼠标指针出现一个小圆圈时,单击选区的起点,即可形成一个闭合的选区。

"磁性套索工具"与"套索工具"的不同之处是,系统会自动根据鼠标拖曳出的选区边缘的色彩对比度来调整选区的形状。因此,对于选取区域外形比较复杂的图像,同时又与周围图像的色彩对比度反差比较大的情况,采用"磁性套索工具"创建选区是很方便的。

"套索工具"与"多边形套索工具"的选项栏相同,如图2-60所示。

图2-60 "套索工具"选项栏

"磁性套索工具"的选项栏与套索工具的选项栏略有不同,如图2-61所示。

图2-61 "磁性套索工具"选项栏

● "宽度"文本框:用来设置系统检测的范围,单位为像素。当用户用鼠标拖曳出选区时,系统将在鼠标指针周围按设定的宽度范围内选定反差最大的边缘作为选区的边界。该数值的取值范围是1像素~40像素。通常,当选取具有明显边界的图像时,可将"宽度"文本框内的数值调大一些。

● "对比度"文本框:用来设置系统检测选区边缘的精度,当用户用鼠标拖曳出选区时,系统将认为在设定的对比度百分数范围内的对比度是一样的。其取值范围为1%~100%,该数值越大,系统能识别的选区边缘的对比度也越高。

● "频率"文本框:用来设置选区边缘关键点出现的频率,其取值范围是0~100。此数值越大,系统创建关键点的速度越快,关键点出现得越多。

● "使用绘图板压力以更改钢笔宽度"  按钮:单击该按钮,可以使用绘图板压力来更改钢笔笔触的宽度,该按钮只有当使用绘图板绘图时才有效。

## 二、选区的羽化

羽化是通过建立选区和选区周围像素之间的转换来模糊像素的边缘,这种模糊的方法将丢失选区边缘的一些图像的细节。

创建羽化的选区可以在创建选区时利用选项栏进行。创建羽化选区,应先设置羽化值,再用鼠标拖曳创建选区。如果已经创建了选区,再想进行羽化,可执行"选择"→"修改"→"羽化"命令,打开"羽化选区"对话框,输入羽化半径值,单击"确定"按钮,反选选区,按"Delete"键即可看到选区的羽化效果。

打开一张卡通图片绘制椭圆选区,如图2-62所示为羽化半径为0的图片效果,如图2-63

所示为羽化半径为30个像素的图片效果。

图2-62　羽化值为0　　　　　　　　　　　　图2-63　羽化值为30

三、快速选区工具

快速选区工具有两个工具："快速选择工具" 和"魔棒工具" ，如图2-64所示。快速选区工具组的工具是根据绘图或图像颜色来创建选区，特点就是速度快、方便。

(1)"快速选择工具"：其特点是可以像使用"画笔工具" 一样，通过绘图来创建选区。单击该工具，鼠标指针变为画笔状 ，用鼠标先在图像某处单击，然后按住鼠标向要选择的区域拖动，则工具经过之处都会被选中。如图2-65所示为使用该工具得到的选区。

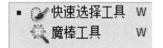

图2-64　快速选区工具组　　　　　　　　图2-65　"快速选择工具"的使用

"快速选择工具"的选项栏如图2-66所示。

图2-66　"快速选择工具"选项栏

● "选区运算模式"：指定选区的运算模式，有"新建选区" 、"添加到选区" 和"从选区减去" 3种。

● "画笔"按钮 ：单击其右侧的三角按钮可弹出"画笔"选取器，在此用户可以对涂抹时画笔的属性进行设置。在涂抹过程中，可以设置画笔的硬度，以便创建具有羽化边缘的选区。

- "对所有图层取样"复选框:勾选该复选框,将不再区分当前选择了哪个图层,而是将所有可视图像看作是在一个图层上,以此来创建选区。
- "自动增强"复选框:勾选该复选框后,可以在绘制选的过程中自动增强选区的边缘。

(2)"魔棒工具":根据图像颜色制作选区。单击工具箱中的"魔棒工具" ,鼠标指针变为魔棒状,在要选取的图像处单击鼠标左键,系统会自动根据鼠标单击处像素的颜色创建一个选区,该选区将把与鼠标指针点相连处(或所有)颜色相同或相近的图像像素包围起来。

"魔棒工具"的选项栏如图2-67所示。

| ※ ・ | □ ◻ ◻ ◻ | 容差: 32 | □消除锯齿 □连续 | □对所有图层取样 | 调整边缘… |

图2-67　"魔棒工具"的选项栏

- "容差"文本框:用来设置系统选择颜色的范围,即选区允许的颜色容差值。其取值范围为0~255。容差值越大,相应的选区也越大。例如,当给出3种不同的容差值时,用"魔棒工具"单击图像中间后创建的选区如图2-68所示。

图2-68　不同容差下选定的选区

- "消除锯齿"复选框:勾选该复选框后,系统会将创建的选区的锯齿消除。
- "连续"复选框:当勾选该复选框后,系统将创建一个选区,把与鼠标单击点相连的颜色相同或相近的图像像素包围起来。反之,系统将创建多个选区,把画布内所有与鼠标指针处的颜色相同或相近的图像像素分别包围起来。
- "对所有图层取样"复选框:勾选该复选框后,系统在创建选区时,会将所有可见图层考虑在内;反之,系统在创建选区时,只考虑当前图层。

## 四、色彩范围

"色彩范围"命令是根据色彩范围对图像区域进行选择的。该命令可以多次对图像进行选择,也可以对选择的样本进行保护,还可以载入新的颜色样本。其工作原理与"魔棒工具"一样,但功能更强大。

打开名为"广场"的图片,如图2-69所示,执行"选择"→"色彩范围"命令,将打开"色彩范围"对

图2-69　打开"广场"图片

话框,根据需要选择图像区域,如果要选择图像中的青色,则在"选择"列表中选择"青色"选

项,如图2-70所示,单击"确定"按钮,得到如图2-71所示效果。

图2-70    "色彩范围"对话框                          图2-71    选区效果

　　也可以选择"吸管工具"在图像需要选择的区域单击,或在预览框中单击取色,此时可以通过对话框的预览框观察图像的选取情况,其中白色区域为已经选择的部分。

　　拖动"颜色容差"滑块,直至所有需要选择的区域都在预览框中显示为白色。如图2-72所示为容差较小时的选择范围,图2-73所示为容差较大时的选择范围。

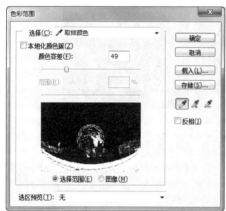

图2-72    "颜色容差"较小的选择

图2-73    "颜色容差"较大的选择贴心提示

贴心提示

　　按住"Shift"键可以将"吸管工具"切换为"添加到取样"工具,以增加颜色;按住"Alt"键可以将"吸管工具"切换为"从取样中减去"工具,以减去颜色。

单元小结

　　本单元共完成 2 个项目,学后应实现以下目标:
◆ 掌握各种选框工具的使用方法。
◆ 掌握使用选框工具绘制图形的方法。
◆ 掌握选区及选区内图像的编辑方法。
◆ 掌握图案的定义和填充方法。

实 训
练 习

1.仿照项目1的方法绘制阿迪达斯的另一个Logo,效果如图2-74所示。

图2-74　阿迪达斯Logo效果

2.仿照项目2的方法,制作2寸证件照,效果如图2-75所示。

图2-75　"2寸证件照"效果图

## 第 3 单元
## 图层与蒙版

本单元主要学习图层和蒙版的概念和种类、图层调板的使用方法,掌握图层和蒙版的基本操作以及图层样式、图层模式、调节图层、快速蒙版和剪贴蒙版的使用技巧,通过灵活使用图层和蒙版来进行广告设计和图像合成。

本单元将按以下 2 个项目进行:

项目 1  海报设计。

项目 2  图像合成"移花接木"。

## 项目 1
## 海 报 设 计

微视频:
海报设计

 项目描述

"经纬运动"业余俱乐部是一家致力于发展全民健身运动的俱乐部,经常定期举办各种类型的比赛。现俱乐部想在五一节期间举办一场"篮球友谊赛",需要制作一份有关该场比赛的海报,要求海报能够体现积极向上的运动精神,参考效果如图3-1所示。

项目分析

"海报"又称招贴或宣传画,具有画面大、内容广泛、表现力丰富、远视效果显著等特点。本项目首先收集有关海报的素材及图片,然后根据海报主题进行图像合成,绘制装饰背景并添加宣传文字,最后通过使用图层模式及样式给图像和文字添加效果。本项目可分解为以下任务:

● 制作海报背景。

● 抠图并进行图像合成。

● 制作文字效果。

图3-1  海报设计效果项目分析

项目目标

● 了解图层的概念和类型。

- 掌握图层的基本操作。
- 掌握图层调板的使用。

 **知识卡片**

## 一、图层的概念

图层,也称为层、图像层,是Photoshop中十分重要的概念,制作任何一个Photoshop平面设计作品,都离不开图层的灵活运用。利用图层,我们可以方便地进行各种图像的编辑、合成及特殊效果的制作。图层的功能正如其名,就是构成图像的一个一个的层,对每个层都能单独地进行编辑操作。打个比方来说,我们可以将每个图层简单地理解为一张透明的纸,将图像绘制在透明的纸上,透过这层纸,可以看到透明区域后面的对象,而且在这层纸上如何涂画,都不会影响到其他图层中的图像,也就是说对每个图层可以进行独立的编辑或修改,而多个图层重叠在一起,"挤压"成一个平面,即是我们看到的图像整体效果。图层的使用可以降低图像编辑失误的概率,大大简化图像的编辑过程。

## 二、图层的种类

从图层的可编辑性进行分类,图层可以分为两类:背景图层和普通图层;从图层的功能进行分类,图层可分为文字图层、形状图层、填充图层、调节图层、蒙版图层、3D图层和视频图层。

### 1.背景图层

Photoshop在新建文件时,会在图层调板里自动创建一个图层,这个自动产生的图层就是背景图层。一个图像文件只有一个背景图层,背景图层是所有图层的最底层,它是完全不透明的,代表图像的基础部分,且始终处于被锁定状态。

### 2.普通图层

除背景图层之外的其他图层均为普通图层,是Photoshop中最常用的图层。新建立的普通图层上的像素是完全透明的,呈现灰白方格图像。对普通图层可调整其不透明度和图层混合模式。

💬 **贴心提示**

普通图层可以转化为背景图层,方法是:激活某一普通图层,执行"图层"→"新建"→"图层背景"命令,则该图层将会被命名为"背景"图层,并调整到最底图层。

### 3.文字图层

文字图层是专门用来编辑和处理文本的图层。使用文字工具 **T** ,在文档编辑窗口中单击,即可创建一个文字图层,具体方法参见后续相关内容。

### 4.蒙版图层

"蒙版"顾名思义是"蒙住""遮住",蒙版图层可以控制图层或图层组中的不同区域的显示效果,即某区域图像是否被"蒙住",是否被显示。

**5.形状图层**

形状图层就是使用工具箱中的"矩形工具" 、"圆角矩形工具" 、"椭圆工具" 、"多边形工具" 、"直线工具" 或"自定形状工具" ，并在对应的工具选项栏中选择"形状图层"按钮 ，在文档编辑窗口中绘制图形所产生的图层。

**6.填充图层**

填充图层可以通过执行"图层"→"新填充图层"命令产生，也可以单击"图层"调板下方的"创建新的填充或调整图层" 按钮来实现。在新产生的图层上可以填充的内容有3种："纯色""渐变色"和"图案"。

**7.调节图层**

调节图层是一种能够调整多个图层色调和色彩的特殊图层。其特点表现在：一是可以调整图像，而不会永久地修改图像中的像素；二是调节图层的调整效果会影响位于其下的所有图层，而不是单个图层；三是在调整过程中，可以根据需要为调节图层增加蒙版，灵活地对部分区域进行调整。

**8.3D图层**

3D图层是包含有置入3D文件的图层。可以打开3D文件或将其作为3D图层添加到打开的Photoshop文件中。将文件作为3D图层添加时，该图层会使用现有文件的尺寸。3D图层包含3D模型和透明背景。3D图层可以是由Adobe Acrobat 3D Version 8、3D Studio Max、Alias、Maya和Google Earth等软件创建的文件。具体内容参见第10单元。

**9.视频图层**

视频图层是包含有视频文件帧的图层。可以使用视频图层向图像中添加视频。将视频剪辑作为视频图层导入到图像中，可以遮盖该图层、变换该图层、应用图层效果、在各个帧上绘画或栅格化单个帧并将其转换为普通图层。可以使用"时间轴"调板播放图像中的视频或访问各个帧。在使用"时间轴"调板制作帧动画时，图层调板发生改变，增加了很多跟动画有关的属性按钮。读者可以在第11单元查看具体内容。

## 三、图层调板

"图层"调板是进行图层编辑时必不可少的窗口，主要用于显示当前图像的图层编辑信息。在"图层"调板中可以设置图层的排列顺序、不透明度以及图层混合模式等选项。执行"窗口"→"图层"命令或按下"F7"键，即可打开如图3-2所示的"图层"调板。

在图层调板中，各按钮的功能如下：

图3-2 "图层"调板

● 正常 ：在此列表框中可设置当前图层的混合模式。

● 不透明度：100% ：在此框中输入数值可控制当前图层的不透明度。

● 锁定：这些锁定按钮，可分别锁定图层的透明像素、图像像素、位置及全部等图层属性。

- 　：单击此按钮可控制当前图层的显示与隐藏状态。
- ▶ 和 ▼ ：单击此按钮，可展开或折叠图层组。
- 　：单击此按钮，可将选中的两个或两个以上图层"链接"。
- 　：单击此按钮，可弹出一个下拉菜单，为当前图层添加图层样式。
- $fx.$：单击此按钮，可为当前图层添加蒙版。
- 　：单击此按钮，将弹出一个下拉菜单，可为当前图层创建新的填充图层或调整图层。
- 　：单击此按钮，可建立一个图层组。
- 　：单击此按钮，可新建一个图层。
- 　：单击此按钮，可删除当前图层。

## 四、图层的创建和编辑

### 1.图层的创建

在图像的编辑过程中，图层的操作尤为重要。图层的创建是图层操作中最基本的操作。

在Photoshop中可以通过多种方法创建图层，一般创建的图层为普通图层。常用的创建方法有以下几种：

(1)单击图层调板中的"创建新图层"按钮 　，可建立一个普通图层。

(2)执行"图层"→"新建"→"图层"命令，打开"新建图层"对话框，如图3-3所示，输入图层名称，单击"确定"按钮，即可建立新图层。

(3)按"Shift+Ctrl+N"快捷键在当前图层的上方新建一个图层。

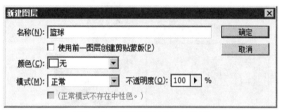

图3-3　"新建图层"对话框

💬 贴心提示

还有一些间接产生图层的方法，如按"Ctrl+J"快捷键，可将当前图层的选区拷贝成一个新图层；按"Shift+Ctrl+J"快捷键，可将剪切的图像粘贴为一个新图层。

### 2.图层的编辑

#### 1)选择图层

在图层调板中单击某图层的名称，使该图层底色由灰色变为蓝色，即表示选择该图层为当前图层。

#### 2)显示/隐藏图层

图层的显示状态有两种：显示和隐藏。默认状态下图层处于显示状态，如果要隐藏该图层中的图像，可单击图层缩览图左侧的眼睛图标 　。再次单击眼睛图标，则可重新显示其内容。

3)复制图层

最快捷的方法是在图层调板中,将要复制的图层拖动到图层调板下方"创建新图层"按钮上,就可以创建该图层的副本。此外,也可以选中需要复制的图层,执行"图层"→"复制图层"命令或单击右键,在弹出的快捷菜单中选择"复制图层"命令来完成。

💬 贴心提示

在同一个图像中复制图层时,可按"Ctrl+J"键实现对当前图层的快速复制。

4)删除图层

选择需删除的图层,执行"图层"→"删除"→"图层"命令或单击右键,在弹出的快捷菜单中选择"删除图层"命令;或者选中需要删除的图层直接拖到图层调板上的"删除图层"按钮🗑上。

5)调整图层的叠放顺序

对于一幅图像来说,叠于上方的图层将会挡住下方的图层,如图3-4所示。

所以图层的叠放顺序决定着图像的显示效果。在图层调板中,拖动图层移动其位置即可以调整图层的叠放顺序,如图3-5所示。

图3-4　上方图层图像挡住下方图层图像

图3-5　拖动图层调整叠放顺序

6)图层的链接

为了方便同时移动多个图层上的图像,Photoshop给出了图层的链接功能,当移动其中任何一个图层时,该图层链接的其他图层也会随之移动。链接图层的方法是:按住"Ctrl"键,选中两个或两个以上需要链接的图层,单击"图层"调板下方的链接按钮🔗,则相应图层右侧就会出现🔗标记,表示链接成功,如图3-6所示。

图3-6　链接图层

7)图层的合并

在编辑图像过程中,为便于修改,尽量将不同对像建立在不同图层上。但是,对于确定不再更改的图像内容,要尽量将其图层进行合并,以减少图像文件所占磁盘的空间。合并图层,可在"图层"菜单中选择以下操作:

● 向下合并:将当前图层与其下一图层合并为一个图层。

● 合并可见图层:将当前所有可见图层内容合并到背景

图层,而处于隐藏的图层则不被合并。

● 合并图像:合并所有可见图层,对于图像中存在的隐藏图层,Photoshop将会弹出一个对话框提示是否要扔掉隐藏图层。

 贴心提示

按"Ctrl+E"快捷键,可以向下合并图层,按"Ctrl+Shift+E"快捷键,可合并可见图层。

## 五、图层的混合模式

图层的混合模式用于控制上、下图层中图像的交叠混合效果。单击图层调板中"正常"右侧的下三角按钮,会弹出一个包含27种混合模式的下拉列表,用户可以在此选择需要的混合模式。在实际应用中,这些图层混合模式按照一定的原则分为6种,分别为正常型、颜色减淡型、光源叠加型、差值特异型和色相饱和度型。图层混合模式的效果与上、下图层中的图像(包括色调、明暗度等)有密切的关系,因此,在应用时可以多试用几种模式,以寻找最佳效果。

### 1.图片加深效果——正片叠底

对于图像,通过设置图层混合模式为"正片叠底"来调整图像的曝光效果,这是修正曝光过度的一种基本手段。如图3-7所示为使用"正片叠底"效果对比。

图3-7　"正片叠底"效果对比

### 2.图片颜色减淡效果——滤色

对于图像,通过设置图层混合模式为"滤色"来快速调整将曝光不足的图像修正为合适的光感,若一次修复效果不明显,可以重复调整图像。这是修正图片曝光不足的一种基本手段。如图3-8所示为使用"滤色"图层混合模式的效果对比。

图3-8　"滤色"效果对比

**3.光源叠加**

光源叠加类型的图层混合模式包括叠加、柔光、强光、亮光、线性光、点光及实色混合7种。对于图像,通过设置光源叠加类型的图层混合模式可以为图片添加不同的光感效果。

**4.差值特异特殊效果**

差值特异特殊效果包括差值、减去、排除和划分4种。对于图像,通过设置差值特异类型的图层混合模式可以为图片添加一些特殊的视觉效果。

**5.色相饱和度颜色效果**

有关颜色效果包括色相、饱和度、颜色和明度4种。对于图像,通过设置颜色效果的图层混合模式可以对图片的颜色进行混合,为图片添加颜色融合过渡的视觉效果。如图3-9所示为使用"颜色"混合模式的前后效果对比。

图3-9　"颜色"效果对比

## 六、盖印图层

盖印图层是将之前进行处理的效果以图层的形式复制在另一个图层上,以便于用户继续对图像进行编辑。

盖印图层在功能上与合并图层相似,但比合并图层更实用。盖印是重新生成一个新的图层,不会影响之前处理的图层。如果对处理的效果不满意,可以删除盖印图层,之前制作效果的图层依然保留,这极大地方便了用户的操作,同时也节省了不少时间。

## 七、图层样式

使用图层样式可以制作出投影、发光和浮雕等图像效果。

对图层添加样式的方法是:选中图层,单击图层调板下方"添加图层样式"按钮 *fx.*,弹出图层样式菜单,如图3-10所示。单击其中的任一菜单命令,均可为当前图层添加图层样式。

图层样式主要有:混合选项、投影、内阴影、外发光、内发光、斜面和浮雕效果、光泽、颜色叠加、渐变叠加、图案叠加、描边等,这里以投影为例说明其参数的使用。

"投影"的作用是设置图层的阴影效果。在"添加图层样式"下拉菜单中选择"投影"命令,即可打开"投影"对话框,如图3-11所示。其参数功能如下:

● 混合模式:可以设置阴影的色彩混合模式。

图3-10　图层样式菜单

● 不透明度：通过输入值或拖动滑块来设置阴影的不透明度，数值越大则阴影效果越清晰。

● 角度：确定投影效果应用于图层时所采用的光照角度。

● 使用全局光：可以为同一图像中的所有图层样式设置相同的光线照明角度。

● 距离：设置阴影与图层中内容的距离，值越大距离越远。

● 扩展：可以增加阴影的投射强度，数值越大则阴影的强度越大。

● 大小：控制阴影的柔化程度，值越大阴影柔化效果越明显。

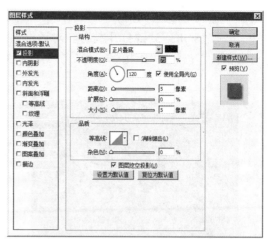

图3-11 "图层样式"之"投影"对话框

● 等高线：定义图层样式效果的轮廓。

● 消除锯齿：可以使应用等高线后的阴影更细腻。

● 杂色：为阴影添加杂色。

● 图层挖空投影：控制半透明图层中投影的可视性。

# 项目制作

## 任务1 制作海报背景

①执行"文件"→"新建"命令，打开"新建"对话框，输入"名称"为海报设计，"宽度"为120厘米，"高度"为90厘米，其他参数为默认，如图3-12所示。

②单击"确定"按钮，新建空白画布。单击工具箱中的"设置前景色"按钮■，打开"拾色器(前景色)"对话框，设置颜色RGB为(0,192,28)，如图3-13所示。单击"确定"按钮，设置前景色，按"Alt+Delete"组合键给画布填充前景色。

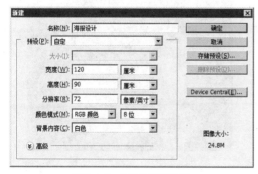

图3-12 "新建"对话框

图3-13 "拾色器(前景色)"对话框

③单击图层调板下方的"创建新图层"按钮🔲，新建"图层1"，使用"多边形套索工具"🔽

绘制一个三角形选区,如图3-14所示。

④按"Shift+F5"键打开"填充"对话框,在"使用"列表中选择颜色,弹出"选择一种颜色"对话框,设置颜色为RGB(49,116,29),如图3-15所示。单击"确定"按钮,返回"填充"对话框,如图3-16所示。

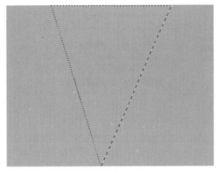

图3-14  绘制三角形选区

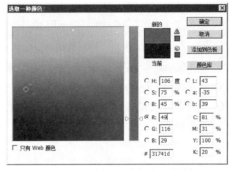

图3-15  "选取一种颜色"对话框

⑤单击"确定"按钮,按"Ctrl+D"键取消选区,获得三角形效果如图3-17所示。再次在图层调板中单击该图层,设置图层"透明度"为70%,如图3-18所示。

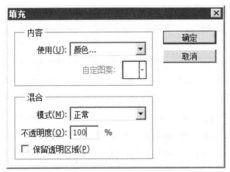

图3-16  "填充"对话框

图3-17  三角形效果

⑥执行"图层"→"图层蒙版"→"显示全部"命令,给"图层1"创建蒙版。设置前景色为"白色",选择"画笔工具" 进行涂抹,添加光晕效果,如图3-19所示。

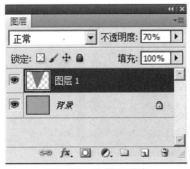

图3-18  设置透明度

图3-19  添加光晕效果

⑦单击图层调板下方的"创建新图层"按钮 ,新建"图层2"。使用"多边形套索工具" 绘制一个倾斜的四边形选区,如图3-20所示。

⑧执行"选择"→"反向"命令,将选区进行反选,按"Alt+Delete"组合键为选区填充前景色并设置该图层透明度为30%。按"Ctrl+D"组合键取消选区,设置图层的混合模式为"叠加",效果及图层调板如图3-21、图3-22所示。

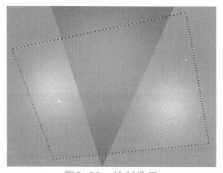

图3-20　绘制选区

图3-21　填充并叠加效果

⑨执行"文件"→"打开"命令,打开素材文件"两侧装饰.psd",使用"移动工具" 将其拖动到海报设计窗口,调整其位置并给左右两侧各添加一个不规则装饰,背景效果如图3-23所示。

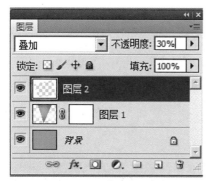

图3-22　图层调板

图3-23　背景效果

## 任务2　抠图并进行图像合成

①双击编辑区域,弹出"打开"对话框,选择素材图片"篮球.jpg",如图3-24所示。

②单击"魔棒工具" ,在图像中白色的区域内单击以选中除了篮球以外的整个白色区域,如图3-25所示。按"Ctrl+Shift+I"快捷键反选选区,得到如图3-26所示的篮球选区。

图3-24　素材图片

图3-25　选择白色区域

图3-26　篮球选区

③使用"移动工具" ，拖动鼠标将选中的篮球移动到制作好的背景上，产生一个新的图层。单击篮球所在图层，按"Ctrl+T"快捷键调出自由变换框，对导入的篮球进行大小和倾斜角度的调整，如图3-27所示。调整好后按"Enter"键确认。

④为了让篮球更加突出，给篮球添加"外发光"图层样式。单击图层调板下方的"添加图层样式"按钮 fx.，在弹出的"图层样式"对话框中，勾选"外发光"选项，参数设置如图3-28所示。

图3-27　调整篮球图片

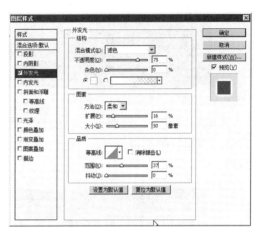

图3-28　"图层样式"对话框

⑤单击"确定"按钮，效果如图3-29所示。

⑥按照步骤3的方法，依次从素材图片中提取出篮球筐和人物剪影，并调整各素材图片的大小和位置进行图像合成，效果如图3-30所示。

图3-29　"外发光"效果

图3-30　素材图像合成效果

### 任务3　制作文字效果

①执行"文件"→"打开"命令，在弹出的"打开"对话框中选择素材文件"标题文字.jpg"。使用"多边形套索工具" ，在工具选项栏上设置"羽化"值2像素，沿着"篮球赛"三个字的轮

廓创建一个闭合选区,如图3-31所示。

②使用"移动工具" ▶️➕ 将选区内容移动到前面合成的文件中,效果如图3-32所示。

图3-31　创建选区

图3-32　移动文字效果

③选择"横排文字工具" **T**,在图像窗口中单击,确定插入点,在工具选项栏中设置字体为"黑体",大小为"120点",颜色为"白色",输入"地点:经纬运动业余俱乐部"和"时间:2017年5月1日上午9:30"。给文字添加"投影"图层样式,使文字具有立体感,如图3-33所示。

④同上,选择"横排文字工具" **T**,在工具选项栏设置字体为"细圆",字体大小为"150点",颜色为杏黄色,输入"主办:'经纬运动'俱乐部",并添加"投影"图层样式。海报最后效果如图3-34所示。

图3-33　添加文字

图3-34　海报最后效果

⑤执行"文件"→"存储为"命令,打开"存储为"对话框,选择保存的位置,单击"确定"按钮保存设计的海报。

**项目小结**

　　图层在广告设计领域作用非常大,尤其是图像合成方面使用最多。通过本项目的学习,了解图层的概念和分类,认识图层调板,学会图层样式的设定,在进行海报设计时掌握图层的创建及了解不同图层之间的关系。

项目2
图像合成"移花接木"

微视频:
图像合成"移花接木"

 项目描述

对于边缘比较复杂的图像,利用蒙版进行抠图不失为一种好方法。现将图像上两个小男孩所坐的沙发进行"移花接木",换成新的沙发,效果如图3-35所示。

 项目分析

首先,利用"快速蒙版工具"  在图像上制作出两个小男孩图像的选区,然后利用"移动工具" 将选区内图像移动到新沙发图像上,为了使人物更逼真,可为两个小男孩所在的图层添加"投影"效果。本项目可分解为以下任务:

- 制作人物选区。
- 合成图像。

图3-35  "移花接木"效果

项目目标
- 掌握利用蒙版制作选区的方法。
- 掌握快速蒙版的创建方法。

## 知识卡片

### 一、蒙版的含义

为了便于编辑和修改图像,在Photoshop中可将图像的不同部分置于不同的图层上。而对于一个图像,Photoshop又可以使用一种技术来控制图像不同区域的显示效果,这种技术就是"蒙版"。

### 二、蒙版的建立

蒙版有两种建立方法。

一是选择需要建立蒙版的图层,执行"图层"→"图层蒙版"→"显示全部"命令,可为该图层添加蒙版。

二是选择需要建立蒙版的图层,单击图层调板下方的"添加图层蒙版"按钮 ,可为图层添加蒙版。

下面举例说明蒙版的作用。

(1)打开一幅图像,双击"背景"图层,将其转换为普通图层"图层0",图像与图层调板如

图3-36所示。

（2）单击图层调板下方的"添加图层蒙版"按钮 ，为"图层0"添加蒙版，如图3-37所示。

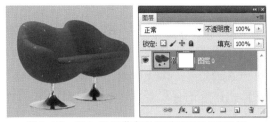

图3-36　图像和"图层"调板　　　　　　　　图3-37　添加图层蒙版的图像和"图层"调板

观察图3-37可发现，新建立的蒙版为白色，图像显示效果没有变化。即白色的蒙版使"图层0"上的图像全部显示，对图像没有影响。

（3）单击"图层0"上的蒙版，设置前景色为黑色，使用"画笔工具" ，在选项栏上设置画笔主直径为30像素，硬度为100%，在蒙版上涂抹任意图形，得到如图3-38所示效果及蒙版。

观察图3-38可发现，蒙版上黑色部分所对应的"图层0"上的图像消失了，变透明了。

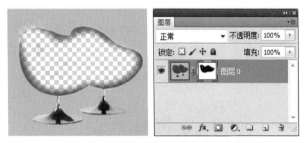

由此可知，建立在图层上的蒙版，可以控制本图层上图像的显示效果。具体来说，蒙版上黑色部分可以使图层中对应的图像变透明，蒙版上灰色部分可以使图层中对应的图像变半透明，而蒙版上白色部分则不影响图像的显示效果。

图3-38　添加有黑色图层蒙版的图像效果和"图层"调板

　贴心提示

为图层添加一个全白色的蒙版，可执行"图层"→"图层蒙版"→"显示全部"命令；为图层添加一个全黑色的蒙版，可执行"图层"→"图层蒙版"→"隐藏全部"命令。

### 三、剪贴蒙版的作用

#### 1.剪贴蒙版

剪贴蒙版也是一种蒙版效果，下面通过仔细观察图3-39所示图层调板来分析剪贴蒙版的作用。

通过观察图3-39可知，剪贴蒙版的实现不少于两个图层，下面的图层称为基底图层，上面的图层称为剪贴图层。剪贴蒙版可使用基底图层的内容来遮盖其上方的图层，遮盖效果由基底图层中的图像内容来决定。基底图层的非透明内容将在剪贴蒙版中显示它上方的图层内容，而剪贴图层中的所有其他内

图3-39　剪贴蒙版：剪贴图层仅在基底图层中可见

容则被遮盖掉。蒙版中的基底图层名称带下划线,上层图层(即剪贴图层)的缩览图是缩进的。剪贴图层前面将显示一个剪贴蒙版图标⤵。

**2.剪贴蒙版的创建方法**

①在图层调板中排列图层,使带有蒙版的基底图层位于剪贴图层的下方。

②执行下列操作:一是按住"Alt"键,将鼠标指针移到图层调板上用于分隔剪贴蒙版中包含的基底图层和其上方图层的线上(指针会变成两个交叠的圆⤵),然后单击即可;二是选择图层调板中的基底图层上方的图层,执行"图层"→"创建剪贴蒙版"命令即可。

### 四、快速蒙版

快速蒙版可以自由地对蒙版区域的形状进行任意编辑。

下面通过一个实例来说明"快速蒙版"的使用。

首先,打开图片"椅子.jpg",如图3-40所示。

现在,想把图片上两把红色椅子选择出来与其他图像进行图像合成。所面临的问题是用哪一种选区工具来制作椅子的选区?通过对已经掌握的"选框工具""快速选择工具""魔棒工具""套索工具"4种选区工具做一个功能对比,发现用"魔棒工具"和"快速选择工具"来制作椅子选区最为接近要求。

选用"魔棒工具"🪄制作椅子的选区,效果如图3-41所示。

图3-40  "椅子"图片          图3-41  制作椅子选区

观察图3-41所制作的选区,很精确,这是因为背景与实物颜色差别较大;反之,选区就会很粗糙,此时,可以借助"快速蒙版工具"进行精确修补。

单击工具箱下方的"以快速蒙版模式编辑"按钮◉,就进入快速蒙版编辑模式。

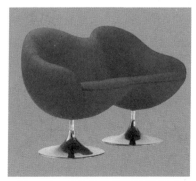

通过观察发现,选区消失,原先图像选区之外的区域被一层淡红色覆盖,选区内的图像没有变化,如图3-42所示。

根据对蒙版的认识可以知道,原先的选区并没有消失,而是以另外一种方式体现出来了,这种方式就是"蒙版"。被淡红色覆盖的区域代表未选中区域,未被淡红色覆盖的区域代表选中的区域。为了精确做出椅子选区,可以用"画笔工具"🖌和"橡皮擦工具"✒来对蒙版进行编辑。

图3-42  进入快速蒙版编辑模式

用"快速蒙版"精确编辑椅子选区。具体操作是,首先用"缩放工具" 将椅子脚部图像放大以方便观察,然后选择"画笔工具",设置前景色为黑色,主直径建议为10~30像素,画笔硬度为100%。在椅子脚部涂抹,如图3-43所示。对于涂抹红色过多的区域,要配合用"橡皮擦工具"来清除,例如对椅子腿部的编辑,如图3-44所示。

图3-43　用"画笔工具"涂抹椅子脚部　　　　图3-44　用"橡皮擦工具"编辑椅子腿部

　　同样,用"画笔工具"进行涂抹,配合"橡皮擦工具"进行清除也可精确编辑出椅子腿部和脚部的选区。如图3-45所示即是用"快速蒙版工具"编辑的椅子最终选区。

　　再次单击工具箱下方的"以标准模式编辑"按钮,进入标准模式编辑状态,就会出现精确的椅子选区,如图3-46所示。由此可见,"快速蒙版工具"为用户制作精确选区提供了一个强有力的支持。另外,进入和退出"快速蒙版编辑模式"可按快捷键"Q"来实现。

图3-45　用蒙版编辑的椅子选区　　　　　图3-46　精确的椅子选区

## 项目制作

### 任务1　制作人物选区

①打开素材图片"男孩.jpg",如图3-47所示。

②单击工具箱底部的"以快速蒙版模式编辑"按钮,进入快速蒙版编辑模式,设置前景色为黑色,单击"画笔工具",设置主直径为"50像素",硬度为"100%",在两个小男孩身上涂抹,做出两个人的选区,效果如图3-48所示。

图3-47    素材图片"男孩"

图3-48    用画笔涂抹人物

③为做出两个人的精确选区,在用画笔涂抹的过程中配合使用"缩放工具" 🔍 对局部图像进行放大,同时按键盘上的字符"["或"]"调整画笔大小,以便于对图像进行仔细涂抹,效果如图3-49所示。

④如果在涂抹过程中不慎涂抹了过多的区域,如图3-50所示,则用"橡皮擦工具" ✐ 清除多余的涂抹区域,效果如图3-51所示。

图3-49    局部放大

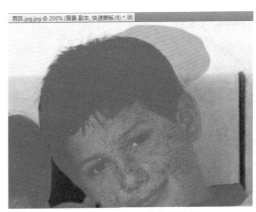

图3-50    涂抹了过多的选区

⑤制作好的图层蒙版效果如图3-52所示。

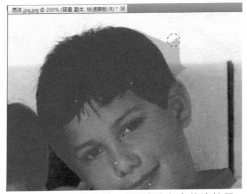

图3-51    用"橡皮擦工具"清除多余的涂抹区

图3-52    图层蒙版效果

⑥再次单击 ⬜ 按钮,进入标准模式编辑状态,得到除人物之外的选区,执行"选择"→"反向"命令,进行反选,完成人物选区的制作,如图3-53所示的选区。

图3-53　利用快速蒙版制作的选区

### 任务2　合成图像

①打开素材图片"沙发.jpg",如图3-54所示。

②用"移动工具" ▶✛ 将人物选区的图像移至"沙发.jpg"图片上,产生新图层"图层1",按"Ctrl+T"快捷键,调整人物的位置和大小,效果如图3-55所示。

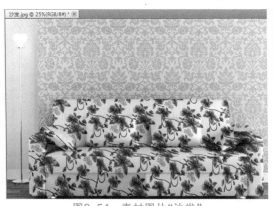

图3-54　素材图片"沙发"

图3-55　人物合成到新沙发上

③为使人物看上去有立体感,双击图层调板上的"图层1",打开"图层样式"对话框,在"样式"栏中选择"投影"选项并设置如图3-56所示的参数。

④单击"确定"按钮,最终效果如图3-35所示。执行"文件"→"存储为"命令,打开"存储为"对话框,选择保存的位置,将文件命名为"移花接木.psd",单击"保存"按钮即可完成本项目的制作。

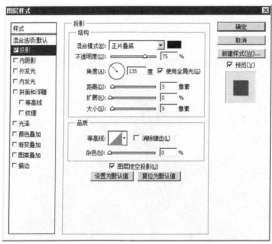

图3-56　"图层样式"对话框

项目小结

　　蒙版实质上是一个选区，这个选区是通过一个灰度图像来体现的，因而蒙版是Photoshop中指定选区轮廓最精确的方法，同时也是最富有变化的选区选取方法，希望读者能灵活掌握。

知识拓展

一、"调整图层"

　　"调整图层"是一类非常特殊的图层，它可以包含一个图像的调整命令，从而对图像产生作用，该类图层不能装载任何图像的像素。

　　"调整图层"具有图层的灵活性和优点，可以在调整的过程中根据需要为"调整图层"增加蒙版，并且利用蒙版的功能实现对底层图像的局部进行调色。"调整图层"可以将调整应用于多个图像，在"调整图层"上也可以设置图层的混合模式；另外，"调整图层"也可以将颜色和色调调整应用于图像，且不会更改图像的原始数据，因此，不会对图像造成真正的修改和破坏。

图3-57　素材图片"女孩"

　　使用"调整图层"可以将颜色和色调调整应用于多个图层而不会更改图像的像素。当需要修改图像效果时，只需要重新设置"调整图层"的参数或将其删除即可。使用"调整图层"能够暂时提高图像对比，以便于选择图像或在"调整图层"与智能对象图层之间创建剪贴蒙版，以达到调整智能对象颜色的目的。

　　(1)打开素材图片"女孩.jpg"，如图3-57所示。复制"背景"图层生成"背景副本"，使用"快速选择工具"  "选取人物以外区域,如图3-58所示。

(2)单击图层调板上的"创建新的填充或调整图层"按钮 ⚫ ,在弹出的菜单中选择"色相/饱和度"命令,打开"色相/饱和度"面板,设置参数,如图3-59所示。调整后效果如图3-60所示。

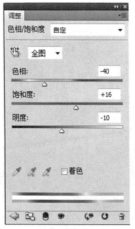

| 图3-58　制作选区 | 图3-59　"色相/饱和度"参数 | 图3-60　调整后的效果 |

## 二、图层组的使用

图层组具有管理图层的功能,使用图层组,就像使用文件夹管理文件一样,可以在图层组中存放图层并进行管理。

要建立图层组,可以单击图层调板下方的"创建新组"按钮 📁 ,也可以执行"图层"→"新建"→"组"命令来创建图层组。图层组建好后,可将已有的图层移动到图层组中,或者在图层组中建立图层,以便于管理图层。

当图层组中包含多个图层时,可以展开或折叠当前图层组中的图层,以方便滚动浏览图层调板中的图层。只要单击图层组中的三角形图标 ▶ 即可展开图层组;此时三角形图标变为 ▼ ;当单击 ▼ 按钮,表示图层组内容被折叠。如图3-61所示。

图3-61　图层组的展开与折叠

**单元小结**

本单元共完成2个项目,学完后应掌握以下内容:
◆ 正确理解图层和蒙版的概念和分类。
◆ 掌握图层调板的使用。
◆ 掌握图层的基本操作。
◆ 掌握使用蒙版快速创建选区的方法。
◆ 掌握使用蒙版进行图像合成时的特殊效果制作方法。
◆ 了解快速蒙版和剪贴蒙版的用法。

1.利用图层及"调整图层"制作"逼真倒影",参考效果如图3-62所示。

图3-62　"逼真倒影"效果

2.仿照"移花接木"方法,制作"改头换面"效果,如图3-61所示。

图3-63　"改头换面"效果

# 第 4 单元
## 绘画与填充

本单元主要学习画笔工具及画笔调板的使用,以及历史记录画笔和历史记录艺术画笔工具的用法,同时了解铅笔工具的使用,以便灵活使用画笔工具绘制水彩画。还要学习渐变工具及油漆桶工具的使用方法,以及利用渐变工具进行不同渐变效果的制作。

本单元将按以下 2 个项目进行:

项目 1　绘制"开学了"水彩画。

项目 2　制作"雨后彩虹"效果。

---

## 项目1
## 绘制"开学了"水彩画

微视频:
绘制"开学了"水彩画

 项目描述

在一个风和日丽的早上,新学期开始了,小朋友们高兴地相约一起去学校,他们调皮地追逐着蝴蝶在嬉戏,啊,开学了! 能否用画笔将这个场景描述出来?试一试吧! 参考效果如图 4-1所示。

 项目分析

使用画笔工具和铅笔工具,灵活进行画笔调板的设置,在背景图片上绘制草丛、太阳和蝴蝶,利用选区工具绘制边框。绘制时一定要注意画中各元素的大小、位置,尽量使水彩画具有艺术感。本项目可分解为以下任务:

- 打开素材图片并合成。
- 绘制草地与草丛。
- 绘制太阳和蝴蝶。
- 绘制边框。

图4-1　水彩画效果

项目目标

- 掌握画笔工具的用法。

- 掌握画笔调板的参数设置方法。
- 掌握画笔的载入方法。

## 知识卡片

### 一、画笔工具

“画笔工具”可以在空白的画布中使用前景色绘制线条，也可以修改蒙版和通道，对图像进行再创作。掌握好“画笔工具”的使用可以使设计的作品更精彩。

“画笔工具”选项栏如图4–2所示。

图4–2 “画笔工具”选项栏

这里：

- “画笔”选项用于选择预设的画笔。
- “模式”选项用于选择混合模式，用“喷枪工具”操作时，选择不同的模式，将产生丰富的效果。
- “不透明度”选项可以设定画笔的不透明度。
- “流量”选项用于设定喷笔压力，压力越大，喷色越浓。
- “启用喷枪模式”按钮，可以选择喷枪效果。
- “绘图板压力控制透明度”按钮与“绘图板压力控制大小”按钮：只有当电脑连接上数位板才起作用。控制数位板画笔的大小和不透明度。

### 二、使用画笔

单击“画笔工具”，在选项栏中设置画笔属性，如图4–3所示。然后就可以使用“画笔工具”在画布中单击并拖动鼠标进行图案绘制。

图4–3 设置画笔

### 三、选择画笔

在“画笔工具”的选项栏中选择画笔：单击选项栏的“点按可打开‘画笔预设’选取器”按钮，即可打开如图4–4所示的“画笔预设”面板，在此面板中可以选择画笔形状。

拖曳“大小”选项下的滑块或输入数值可以设置画笔大小。如果选择的画笔是基于样本的，将显示“恢复到原始大小”按钮。单击“恢复到原始大小”按钮，可以使画笔的直径恢复到初始的大小。

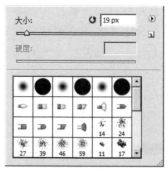

图4-4　"画笔预设"面板

按下"Shift"键时使用画笔,可以绘制水平线和垂直线。

单击"画笔预设"面板右上方的 ▶ 按钮,弹出面板菜单,选择"描边缩览图"命令,如图4-5所示,画笔的显示效果如图4-6所示。

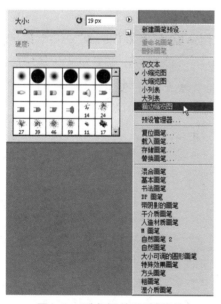

图4-5　"选择画笔"面板菜单

图4-6　画笔显示效果

"画笔预设"面板菜单中各命令功能如下:

● "新建画笔预设"命令:用于建立新画笔。

● "重命名画笔"命令:用于重新命名画笔。

● "删除画笔"命令:用于删除当前选中的画笔。

● "仅文本"命令:以文字描述方式显示画笔选择窗口。

● "小缩览图"命令:以小图标方式显示画笔选择窗口。

● "大缩览图"命令:以大图标方式显示画笔选择窗口。

● "小列表"命令:以小文字和图标列表方式显示画笔选择窗口。

- "大列表"命令:以大文字和图标列表方式显示画笔选择窗口。
- "描边缩览图"命令:以笔划的方式显示画笔选择窗口。
- "预设管理图"命令:用于在弹出的预置管理器对话框中编辑画笔。
- "复位画笔"命令:用于恢复默认状态画笔。
- "载入画笔"命令:用于将存储的画笔载入面板。
- "存储画笔"命令:用于将当前的画笔进行存储。

图4-7　"画笔名称"对话框

"替换画笔"命令:用于载入新画笔并替换当前画笔。

在"画笔预设"面板中单击"从此画笔创建新的预设"按钮 ，将打开"画笔名称"对话框,如图 4-7 所示,创建新的预设画笔。

## 四、设置画笔

单击"画笔工具"选项栏中的"切换画笔面板"按钮 ，打开如图 4-8 所示的"画笔"面板。

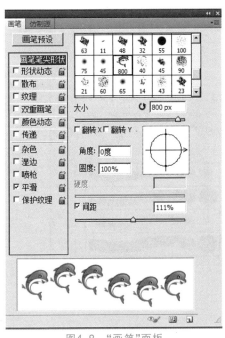

图4-8　"画笔"面板

💬 贴心提示

按"["键,可以使画笔头减小,按"]"键,可以使画笔头增大。按"Shift+["键或"Shift+]"键可以减小或增大画笔头的硬度。

在"画笔"面板中,单击"画笔笔尖形状"选项,如图 4-8 所示,在此可以设置画笔的形状。

其中:

- "大小"选项:用于设置画笔的大小。
- "恢复到原始大小"按钮 ：可以使画笔的大小恢复到初始大小。
- "角度"选项:用于设置画笔的倾斜角度。不同倾斜角度的画笔绘制的线条效果如图 4-9 和图 4-10 所示。
- "圆度"选项:用于设置画笔的圆滑度,在右侧的预视窗口中可以观察和调整画笔的角度和圆滑度。不同圆滑度的画笔绘制的线条效果如图 4-11 和图 4-12 所示。

图4-9　角度值为0　　　　　　　　图4-10　角度值为45

图4-11　圆度为100

图4-12　圆度为15

- "硬度"选项:用于设置画笔所绘制图像边缘的柔化程度。硬度的数值用百分比表示。不同硬度的画笔绘制的线条效果如图 4-13 和图 4-14 所示。

图4-13　硬度为100

图4-14　硬度为0

- "间距"选项:用于设置画笔绘制的标记点之间的间隔距离。不同间隔的画笔绘制的线条效果如图 4-15 和图 4-16 所示。

图4-15　间距为25

图4-16　间距为100

 贴心提示

　　"画笔笔尖形状"主要用于设置画笔的笔尖形状;"控制"选项下的"渐隐"是以指定数量的步长渐隐元素,每个步长等于画笔笔尖的一个笔迹,该值的范围从1~9 999。

　　在画笔面板中,单击"形状动态"选项,如图 4-17 所示,通过参数设置可以改变画笔的动态效果。

　　其中:

- "大小抖动"选项:用于设置动态元素的自由随机度。数值设置为 100％ 时,画笔绘制的元素会出现最大的自由随机度,如图 4-18 所示;数值设置为 0 时,画笔绘制的元素没有变化,如图 4-19 所示。

图4-17　"形状动态"选项

图4-18　大小抖动+角度抖动　　　图4-19　角度抖动

● 在"控制"选项的下拉菜单中可以选择关、渐隐、钢笔压力、钢笔斜度、光笔轮和旋转6个选项。各个选项可以控制动态元素的变化。

例如：选择"渐隐"选项，在其右侧的数值框中输入数值10，将"最小直径"选项设置为100，画笔绘制的效果如图4-20所示；将"最小直径"选项设置为10，画笔绘制的效果如图4-21所示。

图4-20　最小直径为100　　　　　图4-21　最小直径为10

● "最小直径"选项：用来设置画笔标记点的最小尺寸。

● "倾斜缩放比例"选项：可以设置画笔的倾斜比例。在使用数位板时此选项才有效。

● "角度抖动"选项：用于设置画笔在绘制线条的过程中标记点角度的动态变化效果。在"控制"选项的下拉菜单中，可以选择各个选项来控制抖动角度的变化。设置不同抖动角度数值后，画笔绘制的效果如图4-33和图4-34所示。

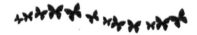
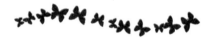

图4-22　角度抖动为10　　　　　图4-23　角度抖动为50

● "圆度抖动"选项：用于设置画笔在绘制线条的过程中标记点圆度的动态变化效果。在"控制"选项的弹出菜单中，可以通过选择各个选项来控制圆度抖动的变化。设置不同圆度抖动数值后，画笔绘制的效果如图4-24和图4-25所示。

图4-24　圆度抖动为0　　　　　图4-25　圆度抖动为50

● "最小圆度"选项：用于设置画笔标记点的最小圆度。

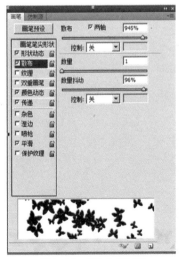

图4-26　"散布"选项

在画笔面板中，单击"散布"选项，面板如图4-26所示，"散布"选项可以用于设置画笔绘制的线条中标记点的分布效果。

其中：

● "两轴"选项：不选中该选项，画笔标记点的分布与画笔绘制的线条方向垂直，效果如图4-27所示；选中该选项，画笔标记点将以放射状分布，效果如图4-28所示。

● "数量"选项：用于设置每个空间间隔中画笔标记点的数量。设置不同的数值后，画笔绘制的效果如图4-29和图4-30所示。

● "数量抖动"选项：用于设置每个空间间隔中画笔标记点的数量变化。在"控制"选项的弹出菜单中可以选择各个选项，来控制数量抖动的变化。

图4-27　不选"两轴"效果

图4-28　选取"两轴"效果

图4-29　设置"数量"为1效果

图4-30　设置"数量"为5效果

在画笔面板中,单击"纹理"选项,面板如图 4-31 所示。"纹理"选项可以使画笔纹理化。

其中:

● "缩放"选项:用于设置图案的缩放比例。

● "为每个笔尖设置纹理"选项:用于设置是否分别对每个标记点进行渲染。选择此项,其下面的"最小深度"和"深度抖动"选项变为可用。

● "模式"选项:用于设置画笔和图案之间的混合模式。

● "深度"选项:用于设置画笔混合图案的深度。

● "最小深度"选项:用于设置画笔混合图案的最小深度。

● "深度抖动"选项:用于设置画笔混合图案的深度变化。设置不同的纹理数值后,画笔绘制的效果如图 4-32 和图 4-33 所示。

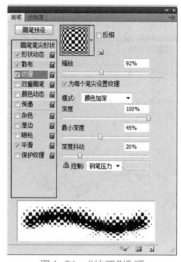

图4-31　"纹理"选项

图4-32　鱼眼棋盘

图4-33　Bubbles

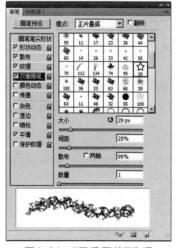

图4-34　"双重画笔"选项

在画笔面板中,单击"双重画笔"选项,面板如图 4-34 所示。双重画笔效果就是两种画笔效果的混合。

其中:

● "模式"选项的弹出菜单中,可以选择两种画笔的混合模式。在画笔预视框中选择一种画笔作为第二个画笔。

● "大小"选项:用于设置第二个画笔的大小。

● "间距"选项:用于设置第二个画笔在所绘制的线条中标记点的分布效果。不勾选"两轴"选项,画笔标记点的分布与画笔绘制的线条方向垂直;选中"两轴"选项,画笔标记点将以放射状分布。

● "数量"选项:用于设置每个空间间隔中第二个画笔标记点的数量。

选择第一个画笔  后绘制的效果,如图4-35所示。选择第二个画笔  并对其进行设置后,绘制的双重画笔混合效果如图4-36所示。

图4-35　单个画笔

图4-36　混合画笔

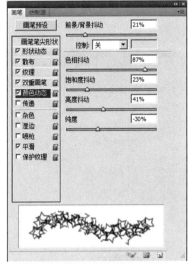

图4-37　"动态颜色"选项

在画笔面板中,勾选"颜色动态"选项,如图4-37所示。"颜色动态"选项用于设置画笔绘制过程中颜色的动态变化情况。

其中:

● "前景/背景抖动"选项:用于设置画笔绘制的线条在前景色和背景色之间的动态变化。

● "色相抖动"选项:用于设置画笔绘制线条的色相动态变化范围。

● "饱和度抖动"选项:用于设置画笔绘制线条的饱和度的动态范围。

● "纯度"选项:用于设置颜色的纯度。

设置不同的颜色动态数值后,画笔绘制的效果如图4-38和图4-39所示。

图4-38　纯度调整

图4-39　饱和度调整

## 五、画笔的载入

单击"画笔选择"面板右上角的 ⊙ 按钮,在弹出的菜单中选择"载入画笔"命令,打开"载入"对话框。选择"预置画笔"文件夹,将显示12个类型的可以载入的画笔。选择需要的画笔,单击"载入"按钮,将画笔载入。

或者在菜单底部选择所需画笔类型,如图4-40所示,在弹出的提示框中单击"确定"按钮或"追加"按钮即可载入选择的画笔。打开画笔面板可以看到载入的新画笔,如图4-41所示。

## 六、辅助工具的使用

为方便用户在处理图像时能够精确定位光标的位置和进行选择,系统为用户提供了一些辅助工具,它们是标尺、参考线、网格和度量工具,这些辅助工具不能用来编辑图像,但能够帮助用户更好地完成选择、定位或编辑图像。

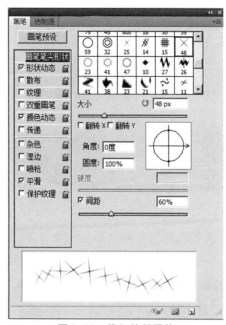

图4-40 画笔类型　　　　　　　　图4-41 载入的新画笔

标尺、参考线和网格可以帮助用户很方便地将各种图像元素放置到指定位置。执行"视图"→"标尺"命令可以显示或隐藏标尺,执行"视图"→"显示"→"网格"命令可以显示或隐藏网格等内容。单击标尺并用鼠标拖动即可拖出贯穿整个图像的水平或垂直参考线。

 贴心提示

标尺的单位一般为厘米,用户可以利用"编辑"→"首选项"→"单位与标尺"命令,在打开的"首选项"对话框中设置其他单位。如英寸、像素等。

让图像显示标尺、网格和参考线,可以精确地作图。标尺、网格和参考线在打印时是不显示的,它们的主要功能就是精确定位,通过"视图"→"对齐到"命令,可以打开或关闭参考线、网格、文件边缘等的捕捉。

另外,利用工具箱中的"标尺工具" ,可以很方便地测量任意两点之间的距离和角度。首先,选择"标尺工具" ,在要测量的起点处按下鼠标左键,然后拖动光标至要测量的终点处释放,此时在"信息"调板和工具选项栏中均可看到测量信息。

1.标尺

Photoshop的标尺可以帮助用户确定图像或元素的位置,起到辅助定位的作用。执行"视图"→"标尺"命令,即可在图像编辑窗口的顶部和左侧显示标尺。

下面通过一个案例了解如何使用标尺来辅助定位。

(1)执行"文件"→"打开"命令,打开素材图片"自然.jpg",如图 4-42 所示。

(2)执行"视图"→"标尺"命令,打开标尺,如图 4-43 所示,此时移动光标,标尺内的标记就会显示光标精确的位置。

图4-42　打开的素材图片

图4-43　打开标尺

(3)将光标移到图像窗口的左上角位置,如图 4-44 所示,按下鼠标左键向下拖动,调整标尺的原点位置,即(0,0)位置,如图 4-45 所示,可以清楚地看到图像的高度和宽度。

图4-44　调整前原点位置

图4-45　调整后原点的位置

(4)在图像窗口左上角标尺位置双击,可以恢复原点位置为原始位置即屏幕左上角的位置。

图4-46　抓手工具辅助定位

(5)按下空格键,暂时切换到抓手工具,移动图像的位置和左上角对齐,如图 4-46 所示,此时也能清楚读取图像的属性。

💬 贴心提示

在定位原点的过程中,按住"Shift"键可使标尺原点对齐标尺刻度。标尺的快捷键为"Ctrl+R"。另外,根据不同需求,常常需要选择不同的测量单位。在标尺上单击鼠标右键,即可弹出测量单位选择菜单,选择任意单位,即可完成标尺单位的转换。

## 2.参考线

显示标尺后,可以从标尺中拖出参考线,实现更为精确的定位。

下面通过一个实例了解参考线的作用。

(1)执行"文件"→"新建"命令,新建一个 Photoshop 文档,如图 4-47 所示。显示标尺,将鼠标光标移动到水平标尺上,按下鼠标左键向下拖动,拖出一条水平参考线,如图 4-48 所示。

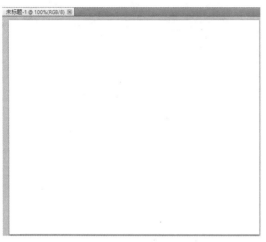

图4-47　新建文档　　　　　　　　　　图4-48　拖出水平参考线

(2)以同样的方法,将光标移动到垂直标尺上,拖出一条垂直参考线,如图 4-49 所示。最后以同样的方法拖出另外两条参考线,如图 4-50 所示。

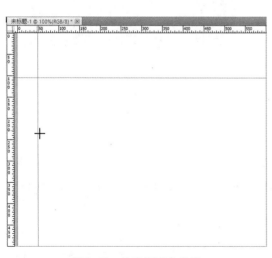

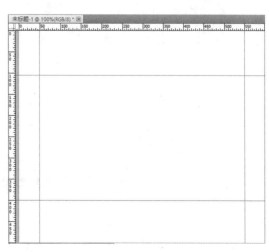

图4-49　拖出垂直参考线　　　　　　　图4-50　拖出其他参考线

(3)执行"文件"→"置入"命令,置入素材图片,如图 4-51 所示。拖动图片四周控制点,调整图片大小,如图 4-52 所示。

图4-51　置入图像

图4-52　调整图片大小

（4）在图片上双击，确定图像置入，如图 4-53 所示。执行"视图"→"清除参考线"命令，将参考线清除，如图 4-54 所示。

图4-53　确定图像置入

图4-54　清除参考线

💬 贴心提示

使用"移动工具"可以随意调整参考线的位置，当确定所有参考线的位置后，执行"视图"→"锁定参考线"命令，可以锁定参考线，以防止错误移动。当需要取消锁定时再次执行该命令即可。

若需要创建精确的参考线，可执行"视图"→"新建参考线"命令，打开"新建参考线"对话框，在该对话框中可以精确地设置每条参考线的位置和取向，如图 4-55 所示，从而创建精确的参考线。

3.智能参考线

智能参考线是一种智能化参考线，它仅在需要时出现。当用户使用移动工具进行移动操作时,通过智能参考线可以对齐形状、切片和选区。

(1)双击编辑窗口,弹出"打开"对话框,打开图片"对齐.jpg",如图 4-56 所示。执行"视图"→"显示"→"智能参考线"命令,显示智能参考线。

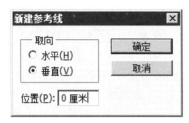

图4-55　"新建参考线"对话框

图4-56　打开素材图片

(2)使用"移动工具"在打开的图片中最后一个图标上单击并向上拖动,此时可以看到智能参考线,如图 4-57 所示。调整效果如图 4-58 所示。

图4-57　显示智能参考线

图4-58　调整效果

4.网格

网格的作用是对准线,它可以把画布平均分成若干块同样大小的方格,有利于作图时的对齐操作。当执行"视图"→"显示"→"网格"命令时,图像窗口上将显示网格,如图 4-59 所示。

图4-59　网格显示前后

 贴心提示

网格的颜色、样式、网格线间隔和子网格的数量都可以在首选项"参考线、网格和切片"选项下设置。

**项目制作**

*任务 1　打开素材图片并合成*

①执行"文件"→"新建"命令,打开"新建"对话框,新建一个名称为"开学了",大小为600×400 像素,RGB 模式,背景为白色的文件,如图 4-60 所示。

②单击"确定"按钮,新建空白文档。设置前景色为蜡笔青 RGB(126,206,244),背景色为白色,执行"滤镜"→"渲染"→"云彩"命令,给背景制作蓝天,如图 4-61 所示。

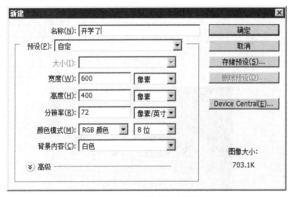

图4-60　"新建"对话框

图4-61　制作背景

③按"Ctrl+O"快捷键依次打开素材图片"上学 1.psd""上学 2.psd"和"上学 3.psd",如图4-62 所示。

图4-62　素材图片

④单击"移动工具" ，依次将素材图片拖曳到背景的右侧,产生"图层 1""图层 2""图层 3",将图层重命名为"人物 1""人物 2""人物 3",如图 4-63 所示。按"Ctrl+T"快捷键调整素材图片的大小和位置,效果如图 4-64 所示。

图4-63　图层调板

图4-64　移动并调整人物

## 任务2　绘制草地与草丛

①单击图层调板下方的"创建新图层按钮"，新建一个图层并将其命名为"草地"。利用"椭圆选框工具"绘制草地选区，设置前景色为纯黄绿 RGB(34,172,56)，按"Alt+Delete"组合键填充前景色，效果如图 4-65 所示，按"Ctrl+D"快捷键取消选区。

②设置前景色为深绿色 RGB(48,125,8)，背景色为浅绿色 RGB(85,180,18)。单击"画笔工具"，在选项栏中单击"切换画笔面板"按钮，弹出"画笔"面板，选择"画笔笔尖形状"选项，切换到相应的调板并进行参数设置，如图 4-66 所示。

图4-65　绘制草地

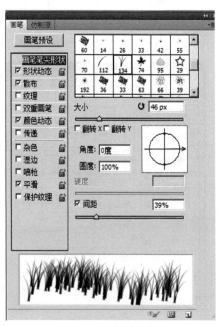

图4-66　"画笔"面板

③选择"颜色动态"选项，切换到相应的面板并进行参数设置，如图 4-67 所示。

④单击图层调板下方的"创建新图层按钮"，新建一个图层并将其命名为"草"，在选

项栏设置笔尖大小为 46 像素,然后在图像窗口中拖曳鼠标,绘制草地,效果如图 4-68 所示。

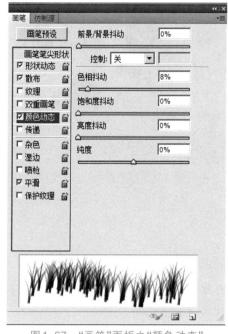

图4-67　"画笔"面板之"颜色动态"　　　　　图4-68　用画笔绘制小草

⑤设置前景色为草绿色 RGB(32,111,0),背景色为浅绿色 RGB(70,170,16)。单击"画笔工具" ，在选项栏中单击"切换画笔面板"按钮 ，弹出"画笔"面板,选择"画笔笔尖形状"选项,切换到相应的面板并进行设置,如图 4-69 所示。在图像窗口中拖曳鼠标,绘制草地图形,效果如图 4-70 所示。

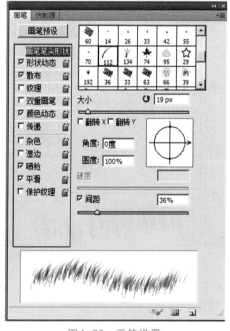

图4-69　画笔设置　　　　　　　　图4-70　用画笔绘制草地

## 任务3　绘制太阳和蝴蝶

① 将前景色设为浅红色 RGB(241,28,29)，单击"画笔工具" ，在选项栏中单击画笔选项右侧的按钮 ▼，在弹出的"画笔选择"面板中选择画笔形状为"柔角"，设置"大小"为 120px，"硬度"为 60%，如图 4-71 所示。

② 在图像窗口左上角处单击鼠标绘制太阳图像，效果如图 4-72 所示。

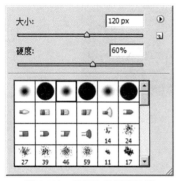

图4-71　"画笔选择"面板

图4-72　绘制太阳

③ 单击图层调板下方的"创建新图层"按钮，新建图层并将其命名为"蝴蝶"。设置前景色为浅黄色 RGB(241,247,209)，背景色为橙色 RGB(246,118,8)。

④ 选择"画笔工具" ，单击"画笔选择"面板右上方的 ▶ 按钮，在弹出的下拉菜单中选择"特殊效果画笔"命令，在弹出的提示框中单击"确定"按钮，载入该类画笔。

⑤ 单击选项栏"切换画笔面板"按钮 ，弹出画笔面板，选择"画笔笔尖形状"选项，切换到相应的面板并进行设置，如图 4-73 所示。选择"形状动态"选项，切换到相应面板进行参数设置，如图 4-74 所示。选择"颜色动态"选项，切换到相应的面板并进行设置，如图 4-75 所示。

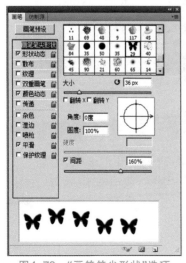

图4-73　"画笔笔尖形状"选项

图4-74　"形状动态"选项

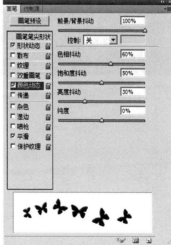

图4-75　"动态颜色"选项

⑥在图像窗口中多次单击鼠标,绘制蝴蝶图形,效果如图 4-76 所示。

图4-76　绘制蝴蝶

## 任务4　绘制边框

①新建图层并将其命名为"边框",设置前景色为黑色,按"Ctrl+A"快捷键,在图像周围生成选区,如图 4-77 所示。

②按"Ctrl+R"快捷键打开标尺,绘制如图 4-78 所示的参考线。

图4-77　选取全部图像

图4-78　绘制参考线

③执行"视图"→"锁定参考线"命令将参考线锁定。单击"矩形选框工具" ，在选项栏单击"从选区减去"按钮 ，沿参考线边缘拖曳鼠标绘制如图 4-79 所示矩形选区。

④按"Alt+Delete"组合键,用前景色填充选区。按"Ctrl+D"组合键,取消选区,执行"视图"→"清除参考线"命令将参考线去除,效果如图 4-80 所示。

图4-79 绘制矩形选区

图4-80 填充黑色

⑤在图层调板上设置"边框"图层的"不透明度"为 10%，效果如图 4-81 所示。

图4-81 调整图层透明度

⑥按"Ctrl+S"快捷键，保存绘制的水彩画，最终效果如图 4-1 所示。

**项目小结**

　　"画笔工具"是绘制图形的主要工具，常应用于个人绘制各类画作，利用它能够更充分地展现个人的创作才华。本项目主要学习了用"画笔工具"绘制水彩画的方法。通过设置不同的画笔笔尖来绘制漂亮的水彩画也是一种享受。

**项目 2**
**制作"雨后彩虹"效果**

微视频：
制作"雨后彩虹"效果

 **项目描述**

　　雨后的大自然，空气清新，湖水升腾着白气，远处天边那一抹彩虹，为这大自然的美景染上梦幻般的色彩,多么令人心驰神往! 其效果如图 4-82 所示。

 项目分析

　　首先利用"渐变工具",在"渐变编辑器"中设置制作彩虹渐变色,并在"渐变工具"的选项栏中选择"径向渐变"填充方式,然后利用"矩形选框工具"及羽化、自由变换等操作制作彩虹效果。

　　本项目可分解为以下任务:

- 设置彩虹渐变色。
- 制作彩虹。

图4-82　"雨后彩虹"效果

 项目目标

- 掌握透明渐变的设置方法。
- 掌握渐变编辑器中色标透明度的设置方法。

 知识卡片

一、渐变工具

　　利用工具箱中的"渐变工具"可以给图像或图像中的选区填充两种以上颜色过渡的混合色。这个混合色可以是前景色与背景色的过渡,也可以是其他各种颜色间的过渡。

1."渐变工具"的使用

　　使用"渐变工具"时,先绘制需要填充渐变效果的选区,然后单击工具箱内的"渐变工具"按钮█,在选区内按住鼠标左键拖曳,画出一条两端带加号的渐变线,就可以给图像中的选区填充渐变色。如果图像中没有选区,则是对整个图像填充渐变色。

 贴心提示

　　在拖曳鼠标时按下"Shift"键,可以保证渐变的方向是水平、垂直或者 45°角。

2."渐变工具"的选项栏

"渐变工具"的选项栏如图 4-83 所示。

图4-83　"渐变工具"选项栏

这里:

(1)"渐变编辑"按钮█▼:单击其右侧的下拉三角▼,将打开"渐变拾色器"调板,

可从中选择需要填充的渐变色,如图 4-84 所示。

(2)"渐变拾色器"调板中的第一个样式为系统的默认渐变色,即前景色到背景色的渐变。

(3)"渐变填充方式"按钮 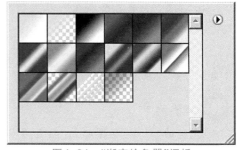:可产生 5 种不同的渐变效果。

- 线性渐变 ■ :形成从起点到终点的直线渐变效果,起点是单击鼠标开始拖曳的点,终点是松开鼠标左键的点。

图4-84　"渐变拾色器"调板

- 径向渐变 ■ :形成由鼠标光标起点为中心,从起点到终点为半径的圆形渐变效果。

- 角度渐变 ■ :形成以鼠标光标起点为中心,从起点到终点为半径顺时针方向旋转的渐变效果。

- 对称渐变 ■ :形成从起点向两侧对称的直线渐变效果。

- 菱形渐变 ■ :形成从起点到终点的菱形渐变效果。

各种渐变填充方式效果如图 4-85 所示。

图4-85　各种渐变填充方式效果

(4)模式:用来设置渐变色与背景图像的混合方式。

(5)不透明度:用来设置渐变的不透明程度。渐变的明显程度随着数值的变化而变化。

(6)反向:选择该项,渐变填充中的颜色顺序将会颠倒。

(7)仿色:选择该项,可使渐变色的过渡更加自然。

(8)透明区域:用于产生不透明度。

### 3."渐变编辑器"的基本操作

单击"渐变编辑"按钮 ■ 左侧颜色部分,将打开"渐变编辑器"对话框,如图 4-86 所示,可以对渐变颜色进行重新编辑,以得到自己需要的渐变色。

单击"预设"栏中的渐变样式缩略图,可选中该样式。

在"色带"的上方单击,可以添加一个不透明度色标按钮。

在"色带"的下方单击,可以添加一个颜色色标按钮。

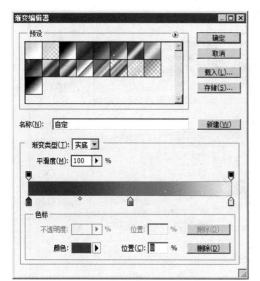

图4-86　"渐变编辑器"对话框

在“色带”中有3个及3个以上颜色色标按钮或不透明度色标按钮时，将鼠标光标移动到色标按钮上，按下鼠标左键向上或向下拖曳，即可删除该按钮。

在相邻两种颜色色标或不透明度色标之间可由“中间标志”◇设置分界线。其位置可拖曳鼠标或输入位置参数来完成。

**贴心提示**

色标的“位置”参数越大，渐变的半径越大。

单击 新建(W) 按钮，可将“渐变编辑器”中当前色带的设置添加到预设栏中，建立一个新的渐变项。

单击 确定 按钮，将确认在“渐变编辑器”对话框中所做的设置。

单击 取消 按钮，将取消在“渐变编辑器”对话框中所做的设置。

单击 存储(S)... 按钮，可以存储新建的渐变条。在弹出的“存储”对话框中输入名称，单击“确定”按钮即可。

单击 载入(L)... 按钮，可以载入存储的渐变颜色。在弹出的“载入”对话框中选择载入之前保存的渐变颜色。

## 二、透明渐变的创建

在Photoshop中除了可以创建不透明的实色渐变外，还可以创建具有透明效果的实色渐变。

在工具选项栏上按下“点按可编辑渐变”按钮，打开“渐变编辑器”对话框，如图4–87所示。在色带需要产生透明效果的位置处的上方单击鼠标左键，可以添加一个不透明度色标，选择该色标，在“不透明度”框中输入0~100间数值，在“位置”框输入其所在位置，如图4–88所示。

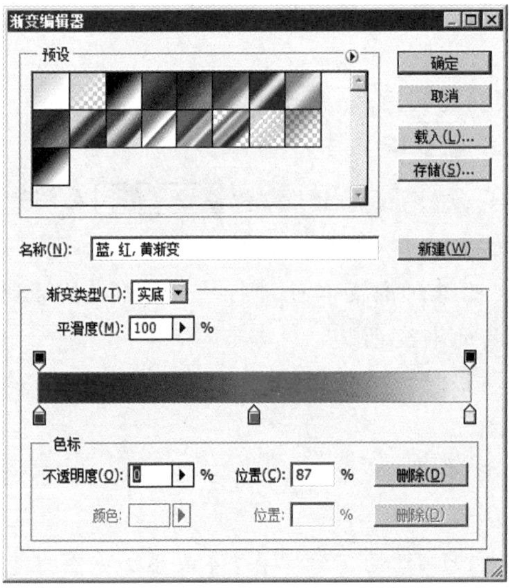


图4–87 “渐变编辑器”对话框

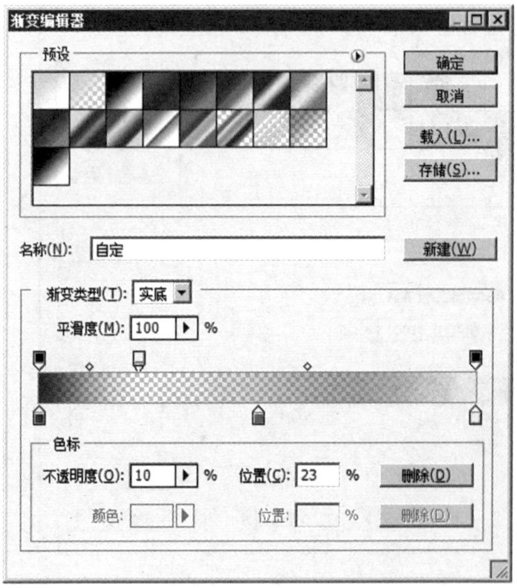


图4–88 设置不透明度

如果需要在色带的多处位置产生透明效果，可以在色带上方多次单击鼠标左键以添加多个不透明度色标；如果需要控制由两个不透明度色标所定义的透明效果间的过渡效果，可以拖动两个不透明度色标间的菱形滑块。

## 三、渐变样式的设置

单击“渐变编辑”按钮右侧的下拉按钮▼，在打开的“渐变拾色器”调板中单击其右上角的下拉按钮▶，可弹出下拉菜单，如图 4–89 所示。

● 新建渐变：选择该命令，可在弹出的“渐变名称”对话框中将当前使用或选取的渐变样式以新的名称保存到“渐变拾色器”调板中。

● 删除渐变：可删除在“渐变拾色器”调板中所选择的渐变样式。

● 预设管理器：选择该命令，将弹出“预设管理器”对话框，如图 4–90 所示。在此对话框中可以对预设的渐变样式进行载入、保存、重命名等操作。

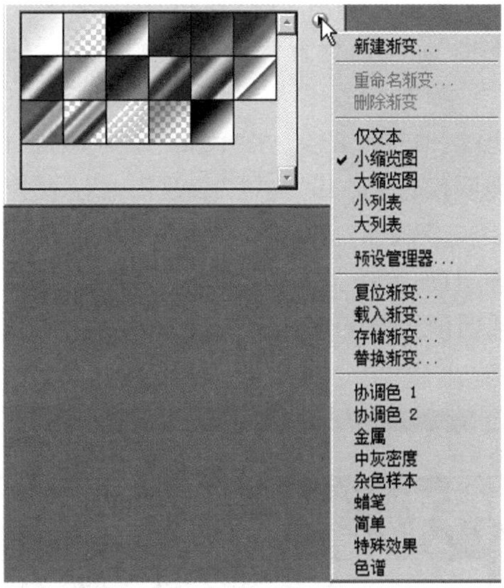

图4–89　“渐变拾色器”中的下拉菜单

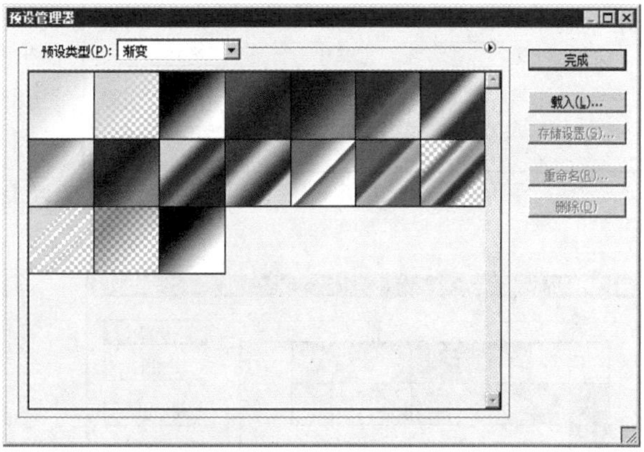

图4–90　“预设管理器”对话框

● 复位渐变：选择该命令，将弹出“Adobe Photoshop”警告对话框，如图 4–91 所示。单击“确定”按钮，可以将“渐变拾色器”调板中的渐变样式设置为默认的渐变样式。

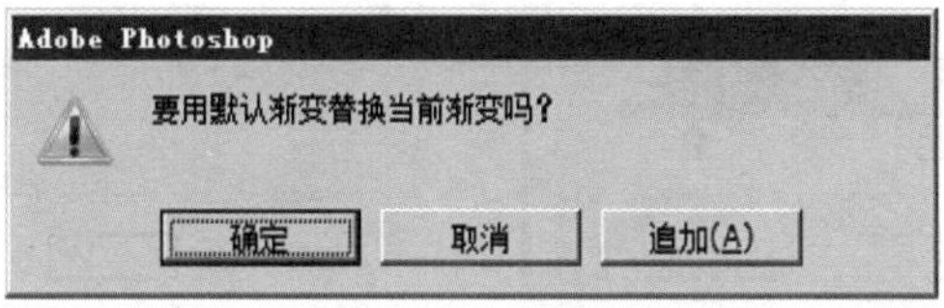

图4–91　“警告”对话框

● 替换渐变：选择该命令，可以在弹出的“载入”对话框中选取预设的渐变样式来替换当前的渐变样式。

● 协调色 1、协调色 2：选取不同的命令，可在“渐变拾色器”调板中追加与其对应的渐变样式。

**项目制作**

*任务1　设置彩虹渐变色*

① 单击"渐变工具"按钮 ，在工具选项栏中选择"径向渐变"按钮 。

② 在工具选项栏上按下 "点按可编辑渐变"按钮 ，打开"渐变编辑器"对话框，在"预设"框中选择"透明彩虹渐变"，如图 4-92 所示。

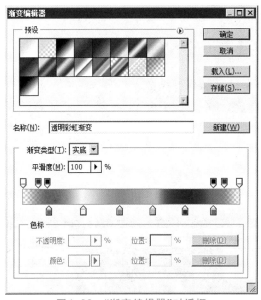

图4-92　"渐变编辑器"对话框

③ 在 "渐变类型" 下拉列表中选择 "实底"，在"色带"下方单击，添加 1 个色标，使其共有 7 个颜色色标，并分别将颜色设置为"赤橙黄绿青蓝紫"，如图 4-93 所示。

④ 将"赤橙黄绿青蓝紫"7 个颜色色标的 "位置" 参数依次设置为 71%、73%、75%、77%、79%、81%和 83%，在"色带"上方添加 4 个不透明度色标，其"位置"参数依次设置为 68%、71%、83%、87%，左右两个不透明度色标的不透明度为"0%"，中间两个不透明度色标的不透明度为"100%"，如图 4-94 所示。

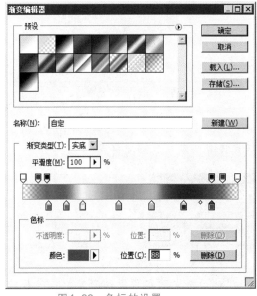

图4-93　色标的设置

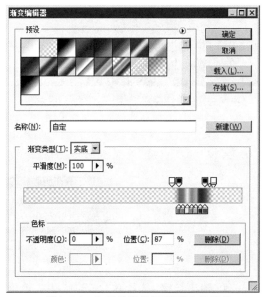

图4-94　色标位置及不透明度的设置

⑤ 单击"确定"按钮，完成彩虹渐变色的设置。

任务 2　制作彩虹

①单击"文件"→"打开"命令,打开素材图片"自然.jpg",如图 4-95 所示。

图4-95　素材图片

②在"图层"调板中新建"图层 1",将光标移动到素材图片的中心位置,按下鼠标左键向下拖曳填充渐变色,填充效果如图 4-96 所示。

图4-96　填充的效果

 贴心提示

渐变线的长度决定了渐变填充的范围,即渐变线拉得越长,"径向渐变"的半径就越大。

③选择"矩形选框工具" ⬚,并在工具选项栏的"羽化"框中设置羽化值为 10,然后创建矩形选区,如图 4-97 所示。

④按下"Delete"键,删除选区内的彩虹渐变色,效果如图 4-98 所示。

⑤执行"选择"→"取消选择"命令,取消选区。

图4-97　绘制矩形区域

图4-98　删除区域内的彩虹渐变色

⑥执行"编辑"→"自由变换"命令,对余下的渐变色进行自由变换,调整大小、形状和位置,如图 4-99 所示,按"Enter"键确认变换。

图4-99　自由变换后的效果

⑦选择"模糊工具" 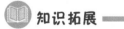，在选项栏中设置强度为"50%"，适当选择画笔笔尖，在彩虹的边缘涂抹，使彩虹与天空自然融合。

⑧在"图层"调板中，将彩虹所在图层的不透明度设置为 50%，效果如图 4-100 所示。

图4-100　设置不透明度后的效果

⑨执行"文件"→"存储为"命令，在打开的"存储为"对话框中重新命名文件为"雨后彩虹.psd"，单击"保存"按钮进行保存。

## 项目小结

　　本项目通过彩虹的制作，介绍了透明渐变的创建方法，学会了在"渐变编辑器"中如何设置色标透明度和调整位置，同时也学习了使用渐变填充再现真实物体，达到以假乱真的效果。

## 知识拓展

一、其他画笔选项

　　在画笔调板中，单击"传递"选项，如图 4-101 所示，以确定色彩在描边路线中的改变方式。

　　其中：

　　●"不透明度抖动"和"控制"选项：用于指定画笔描边中油彩不透明度如何变化，最高值是工具选项栏中指定的不透明度值。要指定油彩不透明度可以修改百分比，直接输入数字或拖动滑块进行设置。要指定希望如何控制画笔笔迹的不透明度变化，可以从"控制"下拉列表中选择一个选项来控制不透明度抖动。

　　●"流量抖动"和"控制"选项：用于指定画笔描边中油彩流量如何变化，最高值为工具选项栏中指定的流量

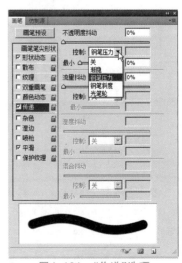

图4-101　"传递"选项

值。要指定油彩流量通过修改百分比进行,直接输入数字或拖动滑块来设置。要想指定希望如何控制画笔笔迹的流量变化,可以从"控制"下拉列表中选择一个选项来控制流量抖动。

如图 4-102 所示为未使用传递画笔和使用传递画笔的效果。

图4-102    未使用传递画笔(左)和使用传递画笔(右)效果

在画笔调板中,单击"杂色"选项,可以为个别画笔笔尖增加额外的随机性。当应用于"柔角"画笔笔尖时该选项最有效。

在画笔调板中,单击"湿边"选项,可沿画笔描边的边缘增大颜色量,从而创建水彩效果。

在画笔调板中,单击"喷枪"选项,可将渐变色调应用于图像,同时模拟传统的喷枪效果。它与画笔选项栏中的"喷枪"选项功能一致。

在画笔调板中,单击"平滑"选项,可在画笔描边中生成更平滑的曲线。当使用光笔进行快速绘画时,该选项最有效,但在描边渲染中可能会导致轻微的滞后。

在画笔调板中,单击"保护纹理"选项,可将相同图案和缩放比例应用于具有纹理的所有画笔预设。选择该选项后,在使用多个纹理画笔笔尖绘画时,可以模拟出一致的画布纹理。

## 二、画笔预设

画笔的笔头形状用户也可以自己设定。例如,打开或绘制一幅图像,如图 4-103 所示。使用"矩形选框工具"选取人物,制作选区,如图 4-104 所示。

图4-103    原图片

图4-104    选取图像

执行"编辑"→"定义画笔预设"命令,打开"画笔名称"对话框,进行如图 4-105 所示的设定,单击"确定"按钮,将选取的图像定义为"卡通人物"画笔。

此时,在画笔调板中可以看到刚制作好的"卡通人物"画笔,如图 4-106 所示。选择该画笔,在画笔工具选项栏中设置画笔大小为"60",并按下"启用喷枪模式"按钮 .

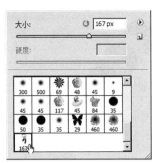

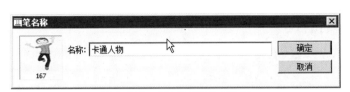

图4-105 "画笔名称"对话框

图4-106 新画笔

打开原图像,新建一图层,将前景色设置为"蓝色",将"画笔工具" 放在图像中适当的位置,按下鼠标左键喷出新制作的画笔效果,如图 4-107 所示。喷绘时调整画笔大小、流量会产生不同大小、深浅颜色的图形,效果如图 4-108 所示。

图4-107 新画笔

图4-108 调整新画笔

## 三、"铅笔工具"

"铅笔工具"可以模拟铅笔的效果进行绘画。单击"铅笔工具" ,其选项栏如图 4-109 所示。

图4-109 "铅笔工具"选项栏

其中:

- 及 按钮用于选择预设的画笔和笔触的大小。
- "模式"选项用于选择混合模式。
- "不透明度"选项用于设定不透明度。
- "自动抹除"复选框用于自动判断绘画时的起始点颜色,如果起始点颜色为背景色,则"铅笔工具"将以前景色绘制;反之,如果起始点颜色为前景色,"铅笔工具"则会以背景色绘制。

单击"铅笔工具" ,在选项栏中选择画笔,勾选"自动抹除"复选框,此时绘制效果与鼠标所单击的起始点颜色有关。当鼠标单击的起始点像素与前景色相同时,"铅笔工具"将行使"橡皮擦工具" 的功能,以背景色绘制;如果鼠标点取的起始点颜色不是前景色时,绘图时

图4-110　自动涂抹效果

仍然会保持以前景色绘制。

　　例如：将前景色与背景色分别设定为黑色和灰色，在画布中单击鼠标左键，画出一个黑点，在黑色区域内单击绘制下一个点，颜色就会变成灰色。重复以上操作，得到的效果如图 4-110 所示。

### 四、"颜色替换"工具

　　"颜色替换工具"可以对图像的颜色进行改变。单击"颜色替换工具" ，其选项栏如图 4-111 所示。

图4-111　"颜色替换工具"选项栏

　　这里，单击 按钮用于设置颜色替换的形状和大小；"模式"选项用于选择绘制的颜色模式； 按钮用于设定取样的类型；"限制"选项用于选择擦除界限；"容差"选项用于设置颜色替换的绘制范围。

　　利用"颜色替换工具"可以非常容易地改变图像中任何区域的颜色。

　　打开一幅图像，如图 4-112 所示。设置前景色为"绿色"，单击"颜色替换工具" ，并在选项栏中设置大小为"80"，"一次取样"。在图像上绘制，"颜色替换工具"可以根据绘制区域的图像颜色，自动生成绘制区域。使用"颜色替换工具"，可以将海豚由蓝色变成绿色，效果如图 4-113 所示。

图4-112　打开图像

图4-113　绿色海豚

### 五、"历史记录画笔工具""历史记录艺术画笔工具"

#### 1."历史记录画笔工具"

　　"历史记录画笔工具"是与"历史记录"调板结合起来使用的。主要用于将图像的部分区域恢复到以前某一历史状态，以形成特殊的图像效果。

　　例如：打开图片为其添加滤镜效果，如图 4-114 所示。此时，"历史记录"调板的状态如图 4-115 所示。

图4-114　添加了滤镜的图片

图4-115　"历史记录"调板

　　单击"椭圆选框工具" ，在其选项栏中设置"羽化"值为20，在图像上绘制一个椭圆形选区，如图 4-116 所示。选择"历史记录画笔工具" ，在"历史记录"调板中单击"打开"步骤左侧的方框，设置历史记录画笔的源，显示出图标，如图 4-117 所示。

图4-116　添加选区

图4-117　"历史记录"调板

　　用"历史记录画笔工具" 在选区中涂抹，如图 4-118 所示，取消选区后效果如图 4-119 所示。此时，"历史记录"调板如图 4-120 所示。

图4-118　使用历史记录画笔涂抹

图4-119　取消选区后效果

图4-120　"历史记录"调板

**2.“历史记录艺术画笔工具”**

“历史记录艺术画笔工具”与“历史记录画笔工具”的用法基本相同，区别在于使用“历史记录艺术画笔工具”绘图时可以产生艺术效果。

选择“历史记录艺术画笔工具”，其选项栏如图 4-121 所示。

图4-121　“历史记录艺术画笔工具”选项栏

这里，“样式”用于选择一种艺术笔触；“区域”用于设置画笔绘制时所覆盖的像素范围；“容差”用于设置画笔绘制时的间隔时间，其他与“历史记录画笔工具”功能一致。

例如：原图片如图 4-122 所示，用灰色填充图片，效果如图 4-123 所示。此时“历史记录”调板如图 4-124 所示。

图4-122　原图片　　　　　　图4-123　填充　　　　　　图4-124　“历史记录”调板

在“历史记录”调板中单击“打开”步骤左侧的方框，设置“历史记录画笔”的源，显示出图标，如图 4-125 所示。选择“历史记录艺术画笔工具”，在其选项栏中设置“大小”为 100，“样式”为轻涂。使用“历史记录艺术画笔工具”在图像上涂抹，效果如图 4-126 所示，“历史记录”调板如图 4-127 所示。

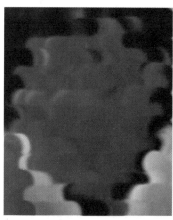

图4-125　显示图标　　　　　图4-126　涂抹效果　　　　图4-127　“历史记录”调板

"样式"中还有很多笔触效果,如图 4-128 所示。

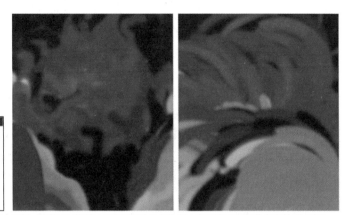

图4-128　"样式"下拉菜单(左)"绷紧长"效果(中)"松散卷曲长"效果(右)

## 六、"油漆桶工具"

### 1."油漆桶工具"的使用

"油漆桶工具"用于对指定色差范围内的色彩区域进行色彩或图案的填充。使用时,先在工具箱中设置好前景色或在属性栏中的图案选项窗口中选择需要的图案,再设置好属性栏中的模式、不透明和容差等选项,然后移动鼠标光标到需要填充的图像区域内单击,即可完成填充操作。

### 2."油漆桶工具"的选项栏

"油漆桶工具"的选项栏如图 4-129 所示。

图4-129　"油漆桶工具"选项栏

- 填充:可以选择前景、图案两种填充方式的一种进行填充。
- 图案:可以选择已经定义的图案进行填充。
- 模式:设置填充颜色与背景图像的混合方式。
- 不透明度:设置填充颜色或图案的不透明度。
- 容差:设置填充图像时颜色的容差值,容差值的大小与填充范围成正比。
- 消除锯齿:用来消除填充颜色或图案的锯齿状边沿。
- 连续的:选项有效时,只能填充容差值范围内的且与单击点相同的颜色;选项无效时,能填充所有容差值范围内的颜色区域。
- 所有图层:选项有效时,填充作用于所有可见图层;选项无效时,只作用于当前图层。

### 3.填充方式的设置

单击工具选项栏中"设置填充区域的源"选项 前景 ▼ 右侧的下拉按钮▼,弹出的下拉列表中包括"前景"和"图案"两个选项。

- 以前景色填充:当选择"前景"选项时,向图像区域内填充的是当前工具箱中设置的前景色。

● 以图案填充：当选择"图案"选项时，选项栏中的"图案"选项被启用，单击"图案拾色器"右侧的下拉按钮█，将打开"图案拾色器"，如图 4-130 所示。选择所需的图案样式，即可向图像区域内填充图案。

● 创建图案：打开素材图像，如图 4-131 所示。执行"编辑"→"定义图案"命令，在弹出的"图案名称"对话框中输入图案名称，如图 4-132 所示。

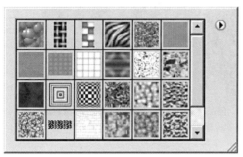

图4-130　"图案拾色器"

图4-131　打开图像

单击"确认"按钮后，所定义的图案即被添加到"图案拾色器"中，如图 4-133 所示。

图4-132　"图案名称"对话框

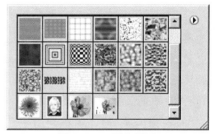

图4-133　添加图案

## 七、"注释工具"

使用"注释工具"█可以在图像的任何位置添加文本注释，标记一些制作信息或其他有用的信息。

单击工具箱中的"注释工具"█，在制作好的图像需要注释的位置处单击，添加一个注释，如图 4-134 所示。在弹出的注释面板中输入要注释的内容，即可完成注释的添加，如图 4-135 所示。

图4-134　添加注释

图4-135　输入注释内容

若想删除注释,可以将光标指向要删除的注释,单击鼠标右键,在弹出的快捷菜单中选择"删除注释"即可,或者直接按"Delete"键删除选中的注释。

在 Photoshop 中,执行"文件"→"导入"→"注释"命令,可以将 PDF 文件中的注释内容直接导入到图像中。

**单元小结**

本单元共完成 2 个项目,学完后应掌握以下内容:
◆ 掌握"画笔工具"的使用方法。
◆ 掌握画笔调板各项参数的设置方法。
◆ 掌握画笔的预设及使用方法。
◆ 掌握"渐变工具"的使用方法。
◆ 掌握渐变编辑器各项参数的设置方法。
◆ 掌握实色渐变和透明渐变的创建方法。
◆ 了解"铅笔工具""颜色替换工具""历史记录画笔工具""历史记录艺术画笔工具""油漆桶工具"和"注释工具"以及图案定义的方法。

**实训练习**

1.模仿水彩画"上学了"的绘制方法,使用"画笔工具"绘制水彩画"秋天来了",效果如图 4-136 所示。

图4-136　"秋天来了"效果

2.模仿彩虹的制作方法绘制如图 4-137 所示的"音乐 CD 光盘"。

图4-137　"音乐CD"效果

# 第 5 单元
## 修饰和润色

图像的修饰与润色是日常生活中经常会用到的,Photoshop 提供了一些修饰图像和对图像润色的工具,可以用来轻松地对图像进行修饰操作。本单元主要学习"修复工具"组及"图章工具""模糊工具""锐化工具""涂抹工具""减淡工具""加深工具"和"海绵工具"等修饰和渲染工具的使用方法和通过调整图层进行润色的方法。熟练掌握这些工具能够快速地对要修复润色的图像进行处理,从而提高工作效率。

本单元将按以下 2 个项目进行:

项目 1　修饰平滑年轻的肌肤。

项目 2　修饰淡雅的生活妆。

---

## 项目 1
## 修饰平滑年轻的肌肤

微视频:
修饰平滑年轻肌肤

### 项目描述

拍摄艺术照片时,人物面部的缺陷往往无法避免,如脸部的雀斑、青春痘、眼袋、细纹等,这些问题就要依靠照相馆中的相关技术人员对拍摄的照片进行后期处理。我们能像照相馆里的技师一样把照片美化到自己想要的效果吗? 不妨试一试。参考效果如图5-1所示。

### 项目分析

首先运用"污点修复画笔工具"去除眼袋和皱纹,运用"修复画笔工具"去除雀斑,然后进行曲线调整,调整图像的亮度,即可实现修饰平滑年轻肌肤的效果。

本项目可分解为以下任务:

- 清除面部的瑕疵。
- 美白肌肤。

图5-1　照片原图(左)与修饰后的效果(右)

### 项目目标

- 掌握修复画笔工具的用法。
- 掌握调节工具的使用。

在Photoshop中常用的修图工具有：污点修复画笔工具、修复画笔工具、修补工具、红眼工具、仿制图章工具、图案图章工具、颜色替换工具，对于复杂的修图，有时还需要使用调色和渐变工具。

## 一、污点修复画笔工具

"污点修复画笔工具"  可以快速修复图像中的瑕疵和其他不理想的地方，使用时只需在有瑕疵的地方单击鼠标或拖动鼠标进行涂抹即可消除瑕疵。

"污点修复画笔工具"可以快速修除图像中的污点或不理想部分。使用时不需要指定样本点，能自动从所修饰区域的周围取样。

启用"污点修复画笔工具"，只需在工具箱中单击"污点修复画笔工具"按钮 即可。

"污点修复画笔工具"的选项栏如图5-2所示。

图5-2　"污点修复画笔工具"选项栏

- 画笔：用来选择修复画笔的大小。单击"画笔"选项右侧的下拉按钮，在弹出的"画笔"面板中，可以设置画笔的直径、硬度、间距、角度、圆度和大小，如图5-3所示。
- 模式：用来选择修复画笔的颜色与底图的混合模式。
- 近似匹配：使用选区边缘的像素来查找用作选定区域修补的图像区域。
- 创建纹理：使用选区中的所有像素创建一个用于修复该区域的纹理。

具体使用方法如下：

(1)双击工作区，打开如图5-4所示的素材图片。

(2)单击工具箱中的"污点修复画笔工具" ，在属性栏中单击画笔按钮 ● 旁边的下三角，打开"画笔"面板，如图5-5所示，在此设置画笔大小。

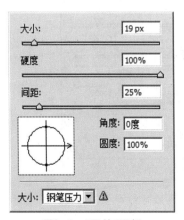

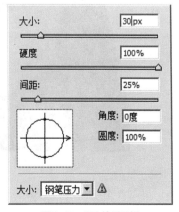

图5-3　"画笔"面板　　　　图5-4　打开素材图片　　　　图5-5　"画笔"面板

（3）在图片上有文字的地方拖动鼠标进行涂抹，如图5-6所示，此时图像中的文字就被自动修复，效果如图5-7所示。

图5-6　涂抹文字

图5-7　修复效果

## 二、修复画笔工具

"修复画笔工具" 可以用来区域性修复图像中的瑕疵，能够让修复的图像与周围图像的像素进行完美匹配，使样本图像的纹理、透明度、光照和阴影进行交融，修复后的图像不留痕迹地融入图像的其余部分。

具体使用方法如下：

（1）双击工作区，打开如图5-8所示的素材图片。

（2）单击工具箱中的"修复画笔工具" ，在属性栏中单击画笔按钮 ● 旁边的下三角，打开"画笔"面板，如图5-9所示，在此设置画笔大小。

图5-8　打开素材图片

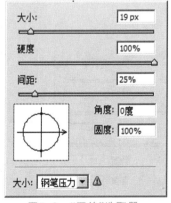

图5-9　"画笔"选取器

（3）按住"Alt"键的同时在图片上需要清除的青春痘旁边干净的地方单击鼠标取样，然后释放"Alt"键，在青春痘上单击鼠标即可清除青春痘，如图5-10所示。使用同样的方法修复图像上另外的青春痘,效果如图5-11所示。

图5-10　去除青春痘

图5-11　最终效果

 贴心提示

　　在图像中需要修复的位置单击鼠标,复制取样点的图像时,可反复单击鼠标复制样本,直到满意为止。

## 三、修补工具

　　"修补工具"是使用图像中其他区域或图案中的内容来修复选区中的内容,与"修复画笔工具"不同的是,修补工具是通过选区来修复图像。

　　使用"修补工具"需要先绘制一个和"套索工具"一样的选区范围,也就是"补丁范围",然后拖动鼠标将这个补丁选区拖动到需要复制图像的位置后释放鼠标,这样该位置的图像就会被复制出来。启用"修补工具",只需在工具箱中单击"修补工具"按钮 即可。

　　"修补工具"的选项栏如图5-12所示。

图5-12　"修补工具"选项栏

- 修补选区方式选项 :选项中各按钮的功能同"选框工具"组。
- 源:启用此单选框时,将"修补工具"移至选区内,按下鼠标可将选区拖动到图像中任何地方,松手后即将目的地的像素,复制到原选区所在地进行修补。再按"Ctrl+D"键取消选择,修补完成。
- 目标:启用此单选框时,将"修补工具"移至选区内,按下鼠标可将选区拖动到图像中任何地方,松手后即将原选区所在地的像素,复制到新目的地进行修补。再按"Ctrl+D"键取消选择,修补完成。
- 使用图案:将选择好的图案应用到选区。单击其右边的箭头可选择系统预置的图案,按下"使用图案"按钮,无论选择"源"或"目的",系统都会将选中的图案复制到图像选区内进行修补。

具体使用方法如下：

（1）双击工作区，打开如图5-13所示的素材图片。

（2）单击"修补工具" 🔲，在属性栏上点选"源"单选框，在图像文字处绘制任意形状的选区，如图5-14所示。

（3）拖动选区向左下移动到没有文身的区域，释放鼠标后用其他区域的内容修补选区的内容，从而去除了文身，按"Ctrl+D"快捷键，取消选区，效果如图5-15所示。

图5-13　打开素材　　　　　图5-14　绘制选区　　　　　图5-15　去除文身

## 📷 项目制作

### 任务1　清除面部的瑕疵

①执行"文件"→"打开"命令，在弹出的"打开"对话框中选择素材图片"老年人.tif"，此时的图片效果及图层调板如图5-16所示。

②右击"背景"图层，在弹出的快捷菜单中选择"复制图层"命令，打开"复制图层"对话框，单击"确定"按钮复制出"背景 副本"图层，如图5-17所示。

图5-16　打开的图片及图层调板　　　　　图5-17　复制图层

③单击"污点修复画笔工具" 🖌，在属性栏设置"画笔大小"为19像素，"类型"点选内容

识别,勾选"对所有图层取样",拖动鼠标去除人物脸部的眼袋和皱纹,如图5-18所示。

④继续使用"污点修复画笔工具" ,拖动鼠标去除其余的眼袋和皱纹,效果如图5-19所示。

图5-18 去除眼袋及皱纹

图5-19 去除眼袋皱纹效果

💬 贴心提示 ┄┄┄┄┄┄┄┄┄┄┄┄┄┄┄┄┄┄┄┄┄┄┄┄┄┄┄┄┄┄┄┄┄┄┄┄┄┄┄┄┄┄

使用"仿制图章工具"🖈,按住"Alt"键取样,然后拖动鼠标进行涂抹,同样可以去除眼袋和皱纹。

⑤单击"修复画笔工具"📌,在属性栏设置"画笔大小"为30像素,按住"Alt"键不放,在皮肤洁净处单击鼠标取样,然后释放"Alt"键,拖动鼠标涂抹额头上有雀斑的地方,去除人物额头的雀斑,效果如图5-20所示。

图5-20 去除额头雀斑

## 任务2 美白肌肤

①单击"磁性套索工具"🗝,在图片中沿脸部和手部的皮肤边缘制作选区,如图5-21所示。

②按"Ctrl+J"快捷键复制选区生成"图层1",按"Ctrl"键,单击"图层1"的图层缩览图载入选区,单击图层调板下方的"添加图层蒙版"按钮  ,为"图层1"添加蒙版,此时图层调板如图5-22所示。

③单击"通道"调板中的"图层1蒙版"通道,蒙版调板及效果如图5-23所示。

图5-21 绘制选区

图5-22 添加蒙版

图5-23 蒙版调板及效果

④单击"画笔工具" ,在属性栏上设置"画笔"为柔边圆30像素,"不透明度"为80%,"流量"为50%,拖动鼠标涂抹面部和手部边缘处,效果如图5-24所示。

⑤按"Ctrl"键,单击"图层1"的蒙版缩览图载入选区,效果如图5-25所示。

图5-24 涂抹边缘效果

图5-25 载入选区

⑥单击图层调板下方的"创建新的填充和调整图层"按钮 ,在弹出的快捷菜单中选择"曲线"命令,打开调整曲线调板,向上调整曲线,如图5-26所示,此时图层调板如图5-27所示,图片效果如图5-28所示。

⑦执行"文件"→"存储"命令,在弹出的"存储为"对话框中以"修饰平滑年轻肌肤.psd"为文件名保存文件。

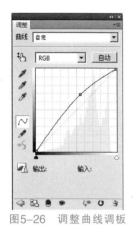

图5-26　调整曲线调板

图5-27　曲线调整图层

图5-28　最终图片效果

**项目小结**

　　修饰图像是Photoshop的重要功能,通过本项目学习,掌握使用"污点修复画笔工具"和"修复画笔工具"去除皮肤上的瑕疵,以及通过调整图层来美白肌肤的方法,希望在今后的学习和实践中,读者还应进一步灵活使用这些工具。

**项目 2
修饰淡雅的生活妆**

微视频:
修饰淡雅生活妆

**项目描述**

　　日常生活的照片中,人物写真照占据了大部分,照片的美观性就显得尤为重要。因此,人们都希望能够通过对照片的美化,使照片中的人物效果更加清晰亮丽。本项目处理的照片参考效果如图5-29所示。

图5-29　原图(左)与修饰后的效果(右)

项目分析

运用"色彩调节"将照片调整到自己想要的色彩;运用"修补工具"去除脸部瑕疵,再运用"色相/饱和度"和"色阶"命令给嘴唇上色;运用"涂抹工具"和"加深工具"美化眼部,运用"画笔工具"绘制眼影;利用"图层混合模式"添加腮红,即可实现修饰淡雅生活妆的效果。本项目可分解为以下任务:

● 调整整体色彩效果。
● 去除脸部瑕疵并给嘴唇上色。
● 美化眼部绘制眼影。
● 添加腮红。

项目目标

● 掌握调整图层的用法。
● 复习以前所学工具的使用。

## 📖 知识卡片

一、涂抹工具

"涂抹工具"是用取样颜色,即将鼠标光标位置处的颜色与鼠标拖曳区域的颜色进行混合,模拟在未干的图画上用手指涂抹的效果。

要启用"涂抹工具",只需在工具箱中单击"涂抹工具"按钮🖐即可。

"涂抹工具"的选项栏如图5-30所示。

图5-30　"涂抹工具"选项栏

其中:
● 画笔:用于选择画笔。
● 模式:用于设置模式。
● 强度:控制手指在画面上涂抹的力度。数值越大,手指拖出的线条越长,反之则越短。
● 手指绘画:勾选该项,使用鼠标单击开始处的颜色作为取样色涂抹;不勾选该项,以前景色与图像中鼠标经过区域的颜色相混合为取样色涂抹。
● 对所有图层取样:勾选该项,则涂抹工具的操作对所有的图层都起作用。

"涂抹工具"的具体使用方法如下:

(1)打开如图5-31所示的素材图片,单击工具箱中的"涂抹工具"按钮🖐,在工具选项栏设置"强度"为70%,"画笔"为柔边圆79像素,移动鼠标指针到图像的心窝处,单击鼠标左键并拖曳,涂抹图像,如图5-32所示。

(2)相同方法,继续涂抹下方心尖处,效果如图5-33所示。

图5-31　素材图片

图5-32　涂抹图像

图5-33　涂抹效果

 贴心提示

　　"涂抹工具"用于对图像进行涂抹,以柔和涂抹出的色彩,涂抹后的色彩会发生位移。

## 二、橡皮擦工具

　　"橡皮擦工具"可以用背景色擦除"背景"层中的图像或用透明色擦除其他图层中的图像。
要启用"橡皮擦工具",只需在工具箱中单击"橡皮擦工具"按钮  即可。
"橡皮擦工具"的选项栏如图5-34所示。

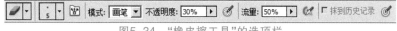
图5-34　"橡皮擦工具"的选项栏

其中:
- 画笔:用于选择橡皮擦的形状和大小。
- 模式:用于选择擦除的笔触方式。
- 不透明度:用于设置不透明度。
- 流量:用于设置画笔扩散的速度。
- 启用喷枪模式:单击喷枪工具按钮，将以喷枪工具的模式进行擦除。
- 涂抹到历史记录:勾选该复选框,将橡皮擦工具移动到图像上时会变成图案,可将图像恢复到历史记录调板中任何一个状态或图像的任何一个快照。

　　"橡皮擦工具"的具体使用方法如下:

　　(1)打开如图5-35所示的素材图片,单击工具箱中的"橡皮擦工具" ，在工具选项栏中单击"点按可打开'画笔预设'选取器"下拉按钮 ，弹出"画笔预设"面板,选择"硬边圆","大小"为80像素,如图5-36所示。

　　(2)移动鼠标指针到图像窗口中的文字处,单

图5-35　打开素材图片

击鼠标左键并拖曳,擦除文字,如图5-37所示。

(3)用相同方法,继续擦除其他文字,最终效果如图5-38所示。

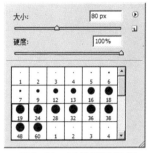

图5-36　画笔预设面板　　　　图5-37　擦除文字　　　　图5-38　擦除最终效果

## 三、背景橡皮擦工具

"背景橡皮擦工具"可以用来擦除指定的颜色,并将所擦除的颜色显示为背景色。
要启用"背景橡皮擦工具",只需在工具箱中单击"背景橡皮擦工具"按钮即可。
"背景橡皮擦工具"的选项栏如图5-39所示。

图5-39　"背景橡皮擦工具"选项栏

其中:

- 画笔:用于选择橡皮擦的形状和大小。
- 取样:用于设定取样的类型。
- 限制:用于设置擦除颜色的限制方式。
- 容差:用于设置容差值,容差值的大小决定擦除图像的面积。
- 保护前景色:勾选该复选框,可以保护图像中与前景色相同的颜色区域。

"背景橡皮擦工具"的具体使用方法如下:

(1)打开如图5-40所示的素材图片,单击工具箱中的"背景橡皮擦工具",在工具选项栏设置画笔"大小"为60像素,移动鼠标指针到图像窗口中的黄色背景处,按下鼠标左键进行涂抹,擦除黄色背景图像,如图5-41所示。

(2)用相同方法,使用"背景橡皮擦工具"继续擦除其他背景,最终效果如图5-42所示。

图5-40　打开素材图片　　　　图5-41　擦除背景　　　　图5-42　背景擦除最终效果

## 四、魔术橡皮擦工具

用"魔术橡皮擦工具"可以自动擦除与鼠标光标所指位置颜色相近的区域,即不用涂抹,单击鼠标左键,即可擦除与鼠标光标处颜色相近的区域。

要启用"魔术橡皮擦工具",只需在工具箱中单击"魔术橡皮擦工具" 按钮即可。

"魔术橡皮擦工具"的选项栏如图5-43所示。

图5-43　"魔术橡皮擦工具"选项栏

"魔术橡皮擦工具"的具体使用方法如下:

打开如图 5-40 所示的素材图片,单击工具箱中的"魔术橡皮擦工具" ,在图像窗口中的黄色背景处单击鼠标左键,擦除黄色背景,如图 5-44 所示。

图5-44　单击擦除背景前后对比

## 项目制作

### 任务 1　调整整体色彩效果

①执行"文件"→"打开"命令,在弹出的"打开"对话框中选择"女孩.jpg",打开一张人物图片,此时的图片效果如图 5-45 所示。

②将"背景"图层拖至图层调板下方的"创建新图层"按钮 上,复制出"背景 副本"图层;执行"图像"→"调整"→"色彩平衡"命令,打开"色彩平衡"对话框,调整色阶参数,如图 5-46 所示,使照片脸部偏白,如图 5-47 所示。

图5-45　打开的素材图片

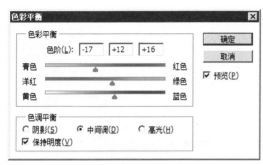

图5-46  "色彩平衡"对话框                      图5-47  色彩平衡效果

③执行"图像"→"调整"→"色相/饱和度"命令,打开"色相/饱和度"对话框,参数设置如图 5-48 所示。执行"图像"→"调整"→"亮度/对比度"命令,打开"亮度/对比度"对话框,参数设置如图 5-49 所示,调整效果如图 5-50 所示。

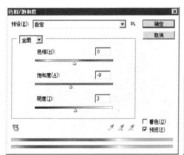

图5-48  "色相/饱和度"对话框      图5-49  "亮度/对比度"对话框      图5-50  调整后的效果

### 任务2  去除脸部瑕疵给嘴唇上色

①单击"污点修复画笔工具" ,在属性栏设置"画笔大小"为 30 像素,"类型"为内容识别,单击左眼下方小痘处,去除瑕疵,效果如图 5-51 所示。

②单击"钢笔工具" ,在属性栏上单击"路径"按钮 ,沿嘴唇边缘绘制路径,如图 5-52 所示。

图5-51  去除眼部瑕疵                      图5-52  绘制路径

③执行"窗口"→"路径"命令，打开"路径"调板，单击"路径"调板下方的"将路径作为选区载入"按钮 ，载入选区，如图 5-53 所示。

④按"Ctrl+J"快捷键复制选区，生成"图层 1"；按住"Ctrl"键，同时单击"图层 1"的图层缩览图，载入选区；单击图层调板下方的"创建新的填充和调整图层"按钮 ，在弹出的快捷菜单中选择"色相/饱和度"命令，打开调整"色相/饱和度"调板，设置"色相"为-25，"饱和度"为27，"明度"为 0，此时"色相/饱和度"调板及效果如图 5-54 所示。

图5-53 载入唇部选区　　　　图5-54 "色相/饱和度"调板及效果

⑤单击"色相/饱和度 1"图层的蒙版缩览图，打开"蒙版"调板，设置"羽化"为 10px，如图5-55 所示，此时图像效果如图 5-56 所示。

图5-55 "蒙版"调板　　　　图5-56 羽化后的效果

⑥按住"Ctrl"键，同时单击"图层 1"的图层缩览图，载入选区。单击"图层"调板下方的"创建新的填充和调整图层"按钮 ，在弹出的快捷菜单中选择"色阶"命令，打开"色阶"调板，设置参数分别为 30，0.70，249，此时"色阶"调板及效果如图 5-57 所示。

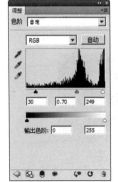

图5-57 "色阶"调板及效果

## 任务3　美化眼部绘制眼影

①单击"放大镜工具" ，将人物眼部放大；单击"涂抹工具"，设置画笔大小为 7 像素，涂抹眼睫毛将其拉长，并用"加深工具"将其加黑，效果如图 5-58 所示。

②单击图层调板下方的"创建新图层"按钮，新建"图层 2"；单击"画笔工具"，在属性栏上设置"画笔"为柔边圆 9 像素，"不透明度"为 100%，"流量"为 50%，如图 5-59 所示；设置前景色 RGB 为（244,62,142），如图 5-60 所示。

图5-58　眼睫毛效果

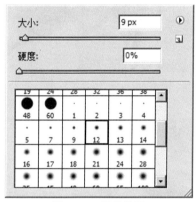

图5-59　画笔设置

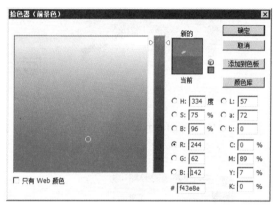

图5-60　设置前景色

③在人物上眼皮处涂抹绘制眼影，如图 5-61 所示。执行"滤镜"→"杂色"→"添加杂色"命令，打开"添加杂色"对话框，设置"数量"为 5%，"分布"为高斯分布，勾选"单色"复选框，如图 5-62 所示。

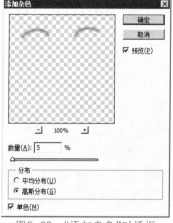

图5-62　"添加杂色"对话框

图5-61　绘制眼影

④单击"确定"按钮，效果如图 5-63 所示。单击图层调板下方的"添加图层蒙版"按钮

,添加图层蒙版。单击"橡皮擦工具" ,在属性栏上设置"画笔"为柔边圆 30 像素,"不透明度"为 40%,"流量"为 50%,涂抹眼部多余颜色,效果如图 5-64 所示。

图5-63  添加杂色

图5-64  涂抹眼影效果

⑤单击图层调板下方的"创建新的填充和调整图层"按钮 ,在弹出的快捷菜单中选择"曲线"命令,打开"曲线"对话框,调整曲线弧度,如图 5-65 所示。右击"曲线 1"图层,在弹出的快捷菜单中选择"创建剪贴蒙版"命令,效果如图 5-66 所示。

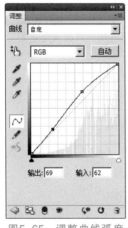

图5-65  调整曲线弧度

图5-66  提高图像亮度

⑥单击图层调板下方的"创建新图层"按钮 ,新建"图层 3";单击"画笔工具" ,在属性栏上设置"画笔"为柔边圆 5 像素,"不透明度"为 40%,"流量"为 50%,设置前景色 RGB 为 (12,33,8),在人物下眼皮处涂抹绘制眼线,如图 5-67 所示。

⑦单击图层调板下方的"添加图层蒙版"按钮 ,添加图层蒙版。单击"橡皮擦工具" ,在属性栏上设置"画笔"为柔边圆 5 像素,"不透明度"为 30%,"流量"为 50%,涂抹眼部多余颜色,效果如图 5-68 所示。

图5-67  绘制眼线

图5-68  涂抹眼线效果

⑧单击图层调板下方的"创建新的填充和调整图层"按钮 ,在弹出的快捷菜单中选择"曲线"命令,打开"曲线"对话框,调整曲线弧度,如图 5-69 所示。此时效果如图 5-70 所示。

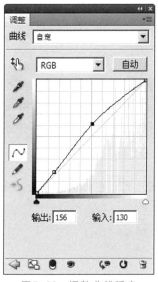

图5-69　调整曲线弧度

图5-70　曲线调整效果

### 任务4　添加腮红

①单击图层调板下方的"创建新图层"按钮 🔲，新建"图层4"；单击"画笔工具" 🖌，在属性栏上设置"画笔"为柔边圆50像素，"不透明度"为30%，"流量"为40%，设置前景色RGB为(252，219，230)，在人物脸部进行涂抹，效果如图5-71所示。

②设置"图层混合模式"为线性加深，效果如图5-72所示。

图5-71　脸部涂抹效果

图5-72　线性加深效果

③单击图层调板下方的"创建新的填充和调整图层"按钮 ⬤，在弹出的快捷菜单中选择"色彩平衡"命令，打开"色彩平衡"对话框，设置参数分别为-37，-29，-1，如图5-73所示，此时效果如图5-74所示。

④执行"文件"→"存储"命令，在弹出的"存储为"对话框中以"修饰淡雅生活妆.psd"为文件名保存文件。

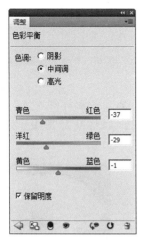

图5-73　色彩平衡调板

图5-74　调整色彩平衡后最终效果

## 项目小结

　　日常生活照片中写真照很多,人们希望通过对照片的美化加工,使照片中的人物更加清晰亮丽。利用修图工具和润色工具,譬如涂抹工具、橡皮擦工具及加深减淡工具,配合调整图层完全可以满足人们的需求。

## 知识拓展

### 一、仿制图章工具

在 Photoshop 中常用的修图工具除了污点修复画笔工具和修复画笔工具外,还有仿制图章工具。

仿制图章工具可以从图像中取样并将样本应用到其他图像或同一图像的其他部分;另外,仿制图章工具还可以用于修复图片的构图,保留图片的边缘和图像。

"仿制图章工具"以指定的像素点为复制基准点,将其周围的图像复制到其他地方。要启用"仿制图章工具",只需在工具箱中单击"仿制图章工具"按钮 即可。

"仿制图章工具"的选项栏如图 5-75 所示。

图5-75　"仿制图章工具"选项栏

其中:
- 画笔:用于选择画笔。
- 模式:用于选择混合模式。
- 不透明度:用于设置透明度。
- 流量:用于设置扩散的速度。
- 对齐:用于控制是否在复制时使用对齐功能。

"仿制图章工具"的具体使用方法如下：

(1)双击工作区,打开如图5-76所示的"狮子王.jpg"素材图片。

(2)单击"仿制图章工具" ,在属性栏上设置画笔"大小"为90像素,按住"Alt"键不放,在图像中单击鼠标取样,然后释放"Alt"键。

(3)执行"文件"→"打开"命令,再打开如图5-77所示的"T恤.jpg"素材图片。

(4)在"T恤"图片的中间进行涂抹,不断向外扩充,仿制出取样处的图案,效果如图5-78所示。

图5-76　打开素材"狮子王"

图5-77　打开素材"T恤"

图5-78　涂抹效果

## 二、加深工具

"加深工具"可以对图像的阴影、中间色或高光部分进行遮光和变暗处理,以达到颜色加深的效果。

要启用"加深工具",只需在工具箱中单击"加深工具"按钮 即可。

"加深工具"的选项栏如图5-79所示。

图5-79　"加深工具"选项栏

这里:

● 画笔:用于选择画笔。

● 范围:选择要处理的特殊色调区域。"阴影"只对图像暗调区域的像素起作用;"中间调"对中间色调区域起作用;"高光"用来提高高亮部分的亮度。

● 曝光度:设置减淡程度,数值越大,减淡的效果越明显。

● 喷枪:单击该按钮使工具具有喷枪效果。

● 保护色调:如果希望操作后图像的色调不发生变化,勾选该项即可。

## 三、减淡工具

"减淡工具"可以对图像的阴影、中间色或高光部分进行提亮和加光处理,以达到颜色减淡的效果。其工作原理正好与"加深工具"相反。

要启用"减淡工具",只需在工具箱中单击"减淡工具"按钮 即可。

"减淡工具"的选项栏如图5-80所示。

图5-80　"减淡工具"选项栏

 贴心提示

　　在减淡或加深的涂抹过程中,可以结合"["键和"]"键,改变画笔的大小;结合小键盘上的数字键可改变曝光度,使涂抹的效果更自然。

　　加深与减淡工具的具体用法如下:

　　(1)打开如图 5-81 所示素材图片,单击工具箱中的"减淡工具"  ,在工具选项栏中设置"曝光度"为 80%,"画笔"为柔边圆角 120 像素,如图 5-82 所示。

图5-81　打开素材图片

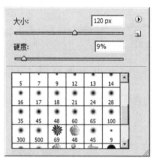

图5-82　画笔设置

　　(2)移动鼠标指针至图像编辑窗口中车身的位置,单击鼠标左键并拖曳,减淡图像,效果如图 5-83 所示。

　　(3)用同样方法,继续在车身和地平线背景处拖曳鼠标,减淡图像,效果如图 5-84 所示。

图5-83　减淡图像

图5-84　减淡效果

 贴心提示

　　"减淡工具"和"加深工具"配合使用可以增加图像的立体感,是绘制各种写实和卡通风格图像时常用的工具,经常应用于绘制人物皮肤、头发及服装等深浅的变化。

　　(4)单击工具箱中的"加深工具"  ,在工具选项栏中设置"曝光度"为 10%,"画笔"为柔边圆角 120 像素,如图 5-85 所示。

(5)移动鼠标指针至图像编辑窗口中车的倒影位置,单击鼠标左键并拖曳,加深图像,效果如图5-86所示。

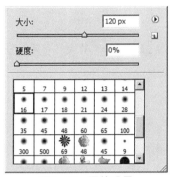

图5-85　画笔设置　　　　　　　　　　图5-86　加深倒影效果

## 四、红眼工具

"红眼工具"可以去除因闪光灯造成的人物照片中的红眼。选择工具箱中的"红眼工具"按钮 ＋◉,单击照片中红眼睛的中心处即可去除红眼恢复正常颜色。如图5-87、图5-88所示为去除红眼前后的效果。

图5-87　去除红眼前的照片　　　　　　图5-88　去除红眼后的照片

## 五、图案图章工具

"图案图章工具"可以以预先定义的图案为复制对象进行复制。要启用"图案图章工具",只需在工具箱中单击"图案图章工具"按钮 ✿♣ 即可。

"图案图章工具"的选项栏如图5-89所示。

图5-89　"图案图章工具"选项栏

"图案图章工具"选项栏与"仿制图章工具"选项栏不同的是,"图案图章工具"只对当前图层起作用。如果勾选"印象派效果"复选框,使用"图案图章工具"将复制出模糊、边缘柔和的图案。

"图案图章工具"的具体使用方法如下：

(1)先定义图案。执行"编辑"→"定义图案"命令,打开"图案名称"对话框,将图5-90所示的卡通人物定义成图案,如图5-91所示。

(2)单击"确定"按钮,在工具箱中单击"图案图章工具"按钮 ,在选项栏中打开"图案拾色器",选择图案 为卡通人物,如图5-92所示。

(3)新建文件并拖曳鼠标,复制图案中的图像,如图5-93所示,最后的效果如图5-94所示。

图5-90　卡通人物

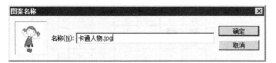

图5-91　"图案名称"对话框

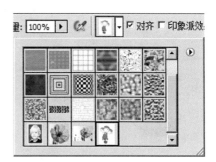

图5-92　"图案拾色器"面板

图5-93　复制图案图像

图5-94　最后复制效果

## 六、模糊工具

"模糊工具"可以柔化图像中的像素,加强颜色的平缓过渡。其工作原理是降低图像中相邻像素之间的反差,使图像边缘区域变得柔和而产生模糊效果。

要启用"模糊工具",只需在工具箱中单击"模糊工具"按钮 即可。

"模糊工具"的选项栏如图5-95所示。

图5-95　"模糊工具"选项栏

其中：

● 画笔:用于选择画笔。

- 模式:用于设置模式。
- 强度:设置模糊程度,数值越大,模糊的效果越明显。

 贴心提示

　　使用"模糊工具"可以将突出的色彩打散,是僵硬的图像边界变得柔和,颜色过渡变得平缓,起到一种模糊图像的效果。

　　"模糊工具"的具体使用方法如下:

　　(1)打开如图5-96所示的素材图片,单击工具箱中的"模糊工具"🜄,在工具选项栏中设置"强度"为100%,"画笔"为柔边圆200像素,如图5-97所示。

图5-96　打开素材图片

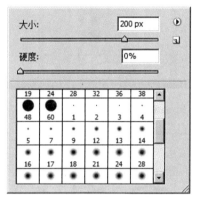

图5-97　画笔预设面板

　　(2)移动鼠标指针到图像窗口中右上角的红花处,单击鼠标左键并拖曳,模糊图像,效果如图5-98所示。

　　(3)用相同方法,继续拖曳鼠标模糊红花图像,最后效果如图5-99所示。

图5-98　模糊图像

图5-99　模糊效果

## 七、锐化工具

　　"锐化工具"可以锐化图像中的像素,使其颜色加强,提高清晰度。其工作原理与"模糊工具"正好相反,它能够增加像素之间的反差,使图像产生清晰的效果。

要启用"锐化工具",只需在工具箱中单击"模糊工具"按钮 △ 即可。

"锐化工具"的选项栏如图 5-100 所示。

图5-100　"锐化工具"选项栏

"锐化工具"的具体使用方法如下:

(1)打开如图 5-96 所示的素材图片,单击工具箱中的"锐化工具" △,在工具选项栏设置"强度"为 50%,"画笔"为柔边圆 200 像素。

(2)移动鼠标指针到图像窗口中右上角的红花处,单击鼠标左键并拖曳,锐化图像,效果如图 5-101 所示。

(3)用相同方法,继续拖曳鼠标锐化红花图像,最后效果如图 5-102 所示。

图5-101　锐化图像

图5-102　锐化效果

## 八、海绵工具

用"海绵工具"可以给图像进行加色或去色,来改变图像颜色的饱和度。要启用"涂抹工具",只需在工具箱中单击"海绵工具"按钮 🔘 即可。

海绵工具的选项栏如图 5-103 所示。

图5-103　"海绵工具"选项栏

其中:

● 画笔:用于选择画笔。

● 模式:设置使用模式。"饱和"可以增加图像中某部分的饱和度;"降低饱和度"可以减少图像中某部分的饱和度。

● 流量:用于控制增加或降低饱和度的程度,定义的数值越大,效果将越明显。

"海绵工具"的具体使用方法如下:

(1)打开如图 5-104 所示的素材图片,单击工具

图5-104　打开素材图片

箱中的"海绵工具" ，在工具选项栏设置"模式"为饱和，"画笔"为柔边圆 200 像素。

（2）移动鼠标指针到图像窗口的红叶处，单击鼠标左键并拖曳，为红叶图像加色，如图 5-105 所示。

（3）用相同方法，继续在图像窗口的红叶处拖曳鼠标，最后效果如图 5-106 所示。

图5-105　加色图像　　　　　　　　　　　　　图5-106　锐化效果

**单元小结**

本单元共完成 2 个项目，学完后应掌握以下知识：

◆ 掌握修复画笔工具、修补工具、污点修复画笔工具的使用方法。

◆ 掌握历史记录画笔工具、历史记录艺术画笔工具及红眼工具的使用方法。

◆ 掌握仿制图章工具和图案图章工具的使用方法。

◆ 掌握模糊工具、锐化工具和涂抹工具的使用方法。

◆ 掌握减淡工具、加深工具和海绵工具的使用方法。

◆ 掌握橡皮擦工具、背景橡皮擦工具和魔术橡皮擦工具的使用方法。

◆ 熟练掌握利用修复画笔工具和修补工具美化照片的方法。

◆ 熟练掌握利用修复工具和渲染工具修饰照片的方法。

**实训练习**

1.利用修复图像工具将如图 5-107 所示的人物脸上的文字清除，并对其修饰，使图像看起来焕然一新。修饰后的效果如图 5-108 所示。

图5-107　人物脸部修复前　　　　　　　　　　图5-108　人物脸部修复后

2.试为如图 5-109 所示的生活照润色,给人物进行淡妆设计,参考效果如图 5-110 所示。

图5-109 生活照

图5-110 淡妆设计

操作提示:先运用"色相/饱和度"和"色阶"命令给嘴唇上色,运用"画笔工具"绘制眼影,然后利用"图层混合模式"添加腮红即可实现淡妆效果。

# 第 6 单元
## 滤镜的应用

本单元主要介绍滤镜的含义及作用的对象,重点介绍各种滤镜的使用方法以及图像的抽出与液化变形,要求掌握内置滤镜的使用方法和外挂滤镜的安装与使用方法。

本单元将按以下 2 个项目进行:

项目 1　制作"大雪纷飞"效果。

项目 2　制作水墨画效果。

---

## 项目 1
### 制作"大雪纷飞"效果

微视频:
制作"大雪纷飞"效果

 **项目描述**

刚才还是晴空万里,怎么瞬间就大雪纷飞了?老天爷变脸真快!效果如图6-1所示。

图6-1　原图像(左)和"大雪纷飞"效果(右)

 **项目分析**

首先,在原图像上利用滤镜的"点状化"命令制作雪花;然后分别利用滤镜的"动感模糊"和"锐化"命令让雪花飞舞起来,使雪花更形象一些;最后设置图层混合模式,最终完成图像的合成。本项目可分解为以下任务:

- 修改图像色调。
- 制作雪花。

- 制作雪花飞舞效果。
- 完成图像合成。

**项目目标**

- 认识滤镜的功能和含义。
- 掌握内置滤镜的使用方法。

## 知识卡片

### 一、滤镜的含义

滤镜能够产生许多光怪陆离、变幻万千的特殊效果。滤镜是Photoshop中功能最丰富、效果最奇特而使用又最简单的工具之一。Adobe提供的滤镜显示在"滤镜"菜单中,第三方开发商提供的外挂滤镜在安装后会出现在"滤镜"菜单的底部。

某些图层应用了智能滤镜并不会对图层本身造成破坏。原因在于智能滤镜作为图层效果存储在"图层"调板中,并且可以利用智能对象中包含的原始图像数据随时重新调整这些滤镜。

在"图层"调板上选中一个图层,通过如图6-2所示的方法可将图层转换为智能对象。

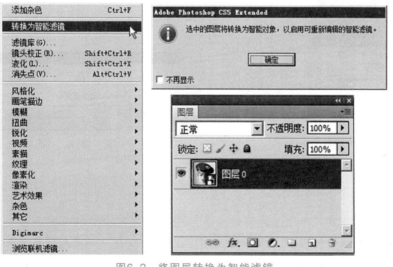

图6-2　将图层转换为智能滤镜

### 二、滤镜作用的对象

滤镜只能应用于当前可见图层,并对所选择的区域进行处理。如果没有选定区域,则对整个图层做处理。如果只选中某一通道,则只对当前的通道起作用。滤镜对完全透明的区域没有作用。文字一定要转换成图形才能应用滤镜。

所有的滤镜都能应用于8位RGB模式的图像。对于CMYK模式、Lab模式、多通道模式、灰度模式、双色调模式和16位RGB模式的图像,某些滤镜不起作用;滤镜不能应用于位图模式和索引颜色模式的图像。

### 三、滤镜的使用

这里以"添加杂色"为例来介绍滤镜的使用。

(1)打开一幅图,使用"滤镜"→"杂色"→"添加杂色"命令,打开"添加杂色"对话框,设置参数如图6-3所示。

(2)在弹出的"添加杂色"对话框中,一边看着预览窗口,一边调整各个参数的值,当出现所需的效果时,单击"确定"按钮。

(3)上次使用的滤镜将出现在"滤镜"菜单的第一行,可以通过重复执行此命令(或者按"Ctrl+F"快捷键),强化滤镜效果。如果需要进一步调整各项参数,需重新打开滤镜对话框进行设置,可以按下"Ctrl+Alt+F"组合键完成。

(4)如果想淡化一下滤镜的效果,执行"编辑"→"渐隐添加杂色"命令(或者按"Shift+Ctrl+F"组合键),弹出"渐隐"对话框,如图6-4所示,调整不透明度和模式后单击"确定"按钮。

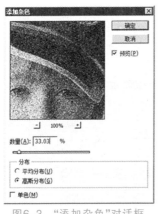

图6-3 "添加杂色"对话框

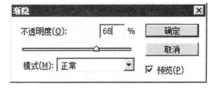

图6-4 "渐隐"对话框

### 四、滤镜库

滤镜库可提供多种特殊效果滤镜的预览,如图6-5所示。用户可以应用多个滤镜、打开或关闭滤镜的效果、复位滤镜的选项以及更改应用滤镜的顺序。如果对预览效果感到满意,则可以将它应用于图像。

另外,"滤镜"菜单下所有的滤镜并非都可以在滤镜库中使用。

滤镜效果是按照它们的选择顺序应用的。在应用滤镜之后,可通过在已应用的滤镜列表中将滤镜名称拖动到另一个位置来重新排列它们。重新排列滤镜效果可显著改变图像的外观。单击滤镜旁边的眼睛图标👁,可在预览图像中隐藏效果。还可以通过选择滤镜并单击"删除"图标🗑来删除已应用的滤镜。要累积应用滤镜,单击"新建效果图层"图标🗐,并选取要应用的另一个滤镜,重复此过程以添加其他滤镜。

### 五、内置滤镜

在Photoshop中自带内置滤镜有300余种,根据功能相近的原则可划分为13大类。由于篇幅有限,这里只简述各个滤镜的特点,对于其参数设置由用户自己总结。

A.预览　B.滤镜类别　C.所选滤镜的缩览图　D.显示/隐藏滤镜缩览图　E."滤镜"弹出式菜单
F.所选滤镜的选项　G.要应用或排列的滤镜效果的列表　H.已选中但尚未应用的滤镜效果
I.已累积应用但尚未选中的滤镜效果　J.隐藏的滤镜效果

图6-5　"滤镜库"对话框

### 1.艺术效果滤镜

艺术效果滤镜是通过对图像进行处理,使它看起来像传统的手工绘画,或者像天然生成的效果。艺术效果滤镜共有15个。例如:通过使用"粗糙蜡笔"滤镜之前(左图)和之后(右图)对比,如图6-6所示。

(1)彩色铅笔滤镜:该滤镜能够用各种颜色的铅笔在单一颜色的背景上沿某一特定的方向勾画图像。重要的边缘使用粗糙的画笔勾勒,单一颜色区域将被背景色代替。对于人物应用该滤镜会产生类似卡通人物的效果。

图6-6　使用"粗糙蜡笔"滤镜前后效果对比

(2)木刻滤镜:该滤镜能减少图像原有的颜色,类似的颜色用同一颜色代替,将使图像产生木刻、剪纸效果,像是用彩色纸片精心拼贴的彩纸图。

(3)干画笔滤镜:该滤镜模仿使用颜料快用完的毛笔进行作画,笔迹的边缘断断续续、若有若无,产生一种干枯的油画效果。

(4)胶片颗粒滤镜:该滤镜能够在给原图像加上一些杂色的同时,调均暗色调和中间色调。它可以产生一种类似胶片颗粒的纹理效果,使图像看起来如同早期的摄影作品。

(5)壁画滤镜:该滤镜能将相近的颜色以单一的颜色代替并加上粗糙的颜色边缘,最终形成类似于古壁画的斑点效果。

(6)霓虹灯光滤镜:该滤镜模拟霓虹灯光照射图像的效果,而图像背景将用前景色填充。

(7)绘画涂抹滤镜:该滤镜产生类似于在未干的画布上进行涂抹而形成的模糊效果。

(8)调色刀滤镜:该滤镜能减少图像中的细节以生成描绘得很淡的画布效果,可以显示出下面的纹理,表现出利用调色刀调整油画颜料的效果。

(9)塑料包装滤镜:该滤镜使得图像产生表面好像蒙着一层塑料薄膜一样,从而强调细节。

(10)海报边缘滤镜:该滤镜的作用是增加图像对比度并沿边缘的细微层次加上黑色,能够产生具有招贴画边缘效果的图像,也有点木刻画的近似效果。

(11)粗糙蜡笔滤镜:该滤镜可以产生在粗糙物体表面(即纹理)上绘制图像的效果。该滤镜既带有内置的纹理,又允许用户调用其他文件作为纹理使用。

(12)涂抹棒滤镜:该滤镜可以产生使用粗糙物体在图像上进行涂抹的效果。从美术工作者的角度来看,它能够模拟在纸上涂抹粉笔画或蜡笔画的效果。

(13)海绵滤镜:该滤镜将模拟在纸张上用海绵轻轻扑颜料的画法,产生图像浸湿后被颜料洇开的效果。

(14)底纹效果滤镜:该滤镜能够产生具有纹理的图像,看起来图像好像是从背面画出来的。

(15)水彩滤镜:该滤镜可以描绘出图像中景物形状,同时简化颜色,进而产生水彩画的效果。该滤镜的缺点是会使图像中的深颜色变得更深,效果比较沉闷,而真正的水彩画特征通常是浅颜色。

 贴心提示

艺术效果滤镜不能应用在CMYK和Lab模式下。

### 2.模糊滤镜

模糊滤镜的作用是使选区或图层变得模糊,淡化图像中不同色彩的边界,以掩盖图像的缺陷或创造出特殊效果。模糊滤镜共有11个。例如:可以通过模糊图像的一部分来强调图片中的主题,使用"镜头模糊"滤镜之前(左图)和之后(右图)效果对比,如图6-7所示。这里只简述几个常用的模糊滤镜。

(1)动感模糊滤镜:该滤镜模仿拍摄运动物体的手法,将运动主体或背景制作成沿某一方向运动而产生的动感模糊效果,营造速度感,参数有两个:角度和距离。

(2)高斯模糊滤镜:最常用到的一个滤镜。该滤镜可根据数值快速地模糊图像,产生很好的朦胧效果。高斯曲线是指对像素进行加权平均时所产生的钟形曲线。

图6-7    使用"镜头模糊"滤镜效果后背景模糊但是前景仍很清晰

(3)径向模糊滤镜:该滤镜可以产生具有辐射性模糊的效果,即模拟相机前后移动或旋转产生的模糊效果。

(4)镜头模糊:该滤镜使用深度映射来确定像素在图像中的位置。用户可以使用Alpha通道和图层蒙版来创建深度映射;Alpha通道中的黑色区域被视为好像它们位于照片的前面,白色区域被视为好像它们位于远处的位置。

（5）模糊滤镜：该滤镜使图像变得模糊一些，如同在照相机的镜头前加入柔光镜所产生的效果，能去除图像中明显的边缘或非常轻度的柔和边缘。"进一步模糊"滤镜的效果比"模糊"滤镜强三到四倍。

（6）特殊模糊滤镜：该滤镜对图像进行更为精确而且可控制的模糊处理，可以减少图像中的褶皱模糊或除去图像中多余的边缘。

3.画笔描边滤镜

画笔描边滤镜主要是通过向图像中添加颗粒、绘画、杂色、边缘细节或纹理，模拟使用不同的画笔和油墨描边，创造出艺术绘画风格的效果。画笔描边滤镜共有8个。如图6-8所示为使用"阴影线"滤镜之前（左图）和之后（右图）效果对比。

（1）强化的边缘滤镜：该滤镜类似于我们使用彩色笔来勾画图像边界而形成的效果，使图像有一个比较明显的边界线。

（2）成角的线条滤镜：该滤镜使用成角的线条重新绘制图像，用一个方向的线条绘制图像的亮区，用相反方向的线条绘制暗区。其效果类似于我们使用画笔按某一角度在画布上用油画颜料所涂画出的斜线，线条修长、笔触锋利，比较好看。

图6-8　使用"阴影线"滤镜前后对比效果

（3）阴影线滤镜：该滤镜可以产生具有十字交叉线网格风格的图像，如同在粗糙的画布上使用笔刷画出十字交叉线作画时所产生的效果，给人一种随意编制的感觉。

（4）深色线条滤镜：该滤镜用短的黑色线条描绘图像的暗区，用长的白色线条绘制图像中的亮区。

（5）油墨轮廓滤镜：该滤镜可以用圆滑的细线重新描绘图像的细节，使图像产生钢笔油墨化的风格。

（6）喷溅滤镜：该滤镜可以产生如同在画面上喷洒水后形成的效果，或有一种被雨水打湿的视觉效果。

（7）喷色描边滤镜：该滤镜可以产生一种按一定方向喷洒水花的效果，画面看起来犹如被雨水冲刷过一样。其效果与喷溅滤镜很相似，但比喷溅滤镜产生的效果更均匀一些。

（8）烟灰墨滤镜：该滤镜以日本画的风格来描绘图像，看起来像是用蘸满黑色油墨的湿画笔在宣纸上绘画。

 贴心提示

可以通过"滤镜库"来应用所有"画笔描边"滤镜，但"画笔描边"滤镜不能应用在CMYK和Lab模式下。

### 4.扭曲滤镜

扭曲滤镜对图像进行几何变形,创建三维或其他变形效果。扭曲滤镜共有13个,这些滤镜在运行时一般会占用较多的内存空间。如图6-9所示为使用"球面化"滤镜之前(左图)和之后(右图)效果对比。

图6-9    使用"球面化"滤镜前后效果对比

(1)扩散亮光滤镜:该滤镜在图像中添加透明的背景色颗粒,形成光芒四射的辉光效果,有点像图像被火炉等灼热物体所烘烤而形成的效果。

(2)置换滤镜:该滤镜的作用是用另一幅Photoshop格式的图片中的颜色和形状来确定当前图像中图形的改变形式,可以产生弯曲、碎裂的图像效果。置换要求必须是一幅PSD格式的图像。

(3)玻璃滤镜:玻璃滤镜的作用是使图像看上去如同隔着玻璃观看一样。

(4)海洋波纹滤镜:该滤镜为图像表面增加随机间隔的波纹,使图像产生海洋表面的波纹效果。

(5)挤压滤镜:该滤镜能模拟膨胀或挤压的效果。例如,可将它用于照片图像的校正,来减小或增大人物中的某一部分(如鼻子或嘴唇等)。

(6)极坐标滤镜:极坐标滤镜的作用是将图像围绕选区的中心进行弯曲变形,可将图像的坐标从平面坐标转换为极坐标或从极坐标转换为平面坐标。

(7)波纹滤镜:波纹滤镜的作用是将图像扭曲为细腻的波纹样式,产生波纹涟漪的效果。

(8)切变滤镜:该滤镜能根据用户在对话框中设置的垂直曲线来使图像发生扭曲变形,产生比较复杂的扭曲效果。

(9)镜头校正:该滤镜可修复图像透视和常见的镜头缺陷,例如桶形和枕形失真、晕影和色差等。

(10)球面化滤镜:该滤镜的作用可以使选区中心的图像产生凸出或凹陷的球体效果,有点像照哈哈镜。

(11)旋转扭曲滤镜:该滤镜可使图像产生类似于风轮旋转的效果,甚至可以产生将图像置于一个大旋涡中心的螺旋扭曲效果。

(12)波浪滤镜:该滤镜的作用是使图像产生波浪扭曲效果。

(13)水波滤镜:就好像将小石子投入平静的水面产生的涟漪效果。

 贴心提示

可以通过"滤镜库"来应用扩散亮光、玻璃和海洋波纹滤镜,但扩散亮光滤镜、玻璃滤镜、海洋波纹滤镜不能应用于CMYK和Lab模式的图像。

#### 5.杂色滤镜

杂色滤镜可以用于去除图像中的杂点,如灰尘和划痕,还可以消除由扫描仪输入的图像中常有的斑点和折痕;而添加杂色滤镜则是通过在图像中加入一些杂色, 创造出独特的效果。杂色滤镜共有5个。如图6-10所示为使用"添加杂色"滤镜前(左图)和后(右图)效果对比。

图6-10　使用"添加杂色"滤镜前后效果对比

(1)添加杂色滤镜:该滤镜通过给图像增加一些细小的像素颗粒,使画面变得粗糙,产生色彩漫散的效果。

(2)去斑滤镜:该滤镜可以查找图像中颜色变化最大的区域,模糊除过渡以外的一切东西。其可以过滤掉噪点并且保持图像的细节。

(3)蒙尘与划痕滤镜:该滤镜适合对图像中的斑点和折痕进行处理,从而达到消除瑕疵的目的。这个滤镜很常用,多用它来处理扫描仪输入的图像。

(4)中间值滤镜:该滤镜也是一种用于去除杂色点的滤镜,可以减少图像中杂色的干扰。其在消除或减少图像的动感效果时非常有用。

(5)减少杂色滤镜:该滤镜同添加滤镜的作用相反,能减少图像的杂色。

#### 6.像素化滤镜

像素化滤镜主要是将图像分成一定的区域,并将这些区域转变为相应的色块,再由色块构成图像,类似于色彩构成的效果。像素化滤镜共有7个。如图6-11所示为使用"晶格化"滤镜之前(左图)和之后(右图)效果对比。

图6-11　使用"晶格化"滤镜前后对比效果

(1)彩色半调滤镜:该滤镜可以用一个大的网格屏蔽在图像的每一个通道上,将一个通道分解为若干个矩形,然后用圆形替换掉矩形。圆形的大小与矩形的亮度成正比,使图像看起来类似铜版化效果。

(2)晶格化滤镜、点状化滤镜和马赛克滤镜:这3个滤镜的作用基本相同,都是将图像分解为许多小块。不同之处在于晶格化滤镜的小块是晶体,使图像产生结晶一样的效果;点状化滤镜产生随机分布的网点,模拟点状绘画效果;马赛克滤镜的小块为方形块,产生马赛克效果。

(3)彩块化滤镜:该滤镜使图像中色彩相似的像素点归成色彩统一、大小和形状不同的色块而产生类似宝石上刻画的效果。

(4)碎片滤镜:该滤镜通过建立原始图像的4个副本,并将它们移位、平均,以生成一种不聚焦的效果,视觉上看则能表现出一种经受过振动但未完全破裂的效果。执行碎片命令后,图像会变得模糊,有重影。

(5)铜版雕刻滤镜:用黑白或颜色完全饱和的网点图案重新绘制图像,使图像产生一种镂刻的凹版画效,也能模拟出金属版画效果。

### 7.渲染滤镜

渲染滤镜主要用于不同程度地使图像产生三维造型效果或光线照射效果。渲染滤镜共有5个。如图6-12所示为使用"光照效果"滤镜前(左图)后(右图)效果对比。

图6-12　使用"光照效果"滤镜前后效果对比

(1)云彩滤镜:该滤镜是唯一能在空白透明层上工作的滤镜。其根据设定的前景色和背景色之间的随机像素值将图像转换成柔和的云彩效果。

(2)分层云彩滤镜:该滤镜可以使用前景色和背景色之间的随机像素值产生云彩效果,并且将图像颜色与云彩混合。如果连续使用这个滤镜多次可以达到大理石效果。

(3)纤维滤镜:该滤镜是用前景色和背景色产生纤维状的质感。

(4)镜头光晕滤镜:该滤镜能够模仿摄影镜头朝向太阳时,明亮的光线射入照相机镜头后所拍摄到的效果。这是摄影技术中一种典型的光晕效果处理方法。

(5)光照效果滤镜:该滤镜是一个比较复杂的滤镜,可以在图像上制作各种光照效果(只能用于RGB文件)。其包括17种不同的光照风格、3种光照类型和4组光照属性,也可以加入新的纹理及浮雕效果等,使平面图像产生三维立体效果。

### 8.锐化滤镜

无论图像来自数码相机还是扫描仪,大多数图像都受益于锐化。所需的锐化程度取决于数码相机或扫描仪的品质,但锐化无法校正严重模糊的图像。锐化滤镜共有5个。如图6-13所示为使用"智能锐化"滤镜之前(左图)和之后(右图)的效果对比。

图6-13　使用"智能锐化"滤镜前后效果对比

(1)锐化和进一步锐化滤镜:通过增强图像相邻像素的对比度来达到清晰图像的目的。锐化作用微小,进一步锐化滤镜作用较大。

(2)锐化边缘滤镜:该滤镜的作用与USM锐化滤镜的效果相同,只锐化图像的边缘,但不能调节参数。

(3)USM锐化滤镜:该滤镜作用是锐化滤镜效果中最强的,它可以改善图像边缘的清晰度,对于高分辨率的输出,通常锐化效果在屏幕上显示要比印刷出来更明显。

(4)智能锐化滤镜:该滤镜具有"USM锐化"滤镜所没有的锐化控制功能。用户可以设置锐化算法,或控制在阴影和高光区域中进行的锐化量。

9.素描滤镜

素描滤镜用来在图像中添加纹理,使图像产生模拟素描、速写及三维的艺术效果。需要注意的是,许多素描滤镜在重绘图像时使用前景色和背景色。这类滤镜共有14个。如图6-14所示为使用"半调图案"滤镜之前(左图)和之后(右图)的效果对比。

图6-14　使用"半调图案"滤镜前后效果对比

(1)基底凸现滤镜:该滤镜使图像呈浅浮雕和突出光照共同作用下的效果,图像的深色部分使用前景色替换,浅色部分使用背景色替换。执行完这个命令之后,当前文件图像颜色只存在黑、灰、白三色。

(2)粉笔和炭笔滤镜:该滤镜创造类似炭笔素描的效果,粗糙粉笔绘制图像背景,用黑色对角炭笔线条勾画暗区。炭笔用前景色绘制,粉笔用背景色绘制。

(3)炭笔滤镜:产生色调分离、涂抹的素描效果。边缘使用粗线条绘制,中间色调用对角描边进行勾画,炭笔应用前景色,纸张应用背景色。执行完炭笔滤镜效果后,图像的颜色只存在黑、灰、白三种颜色。

(4)炭精笔滤镜:该滤镜在暗区使用前景色,在亮区使用背景色。为了获得更逼真的效果,可以在应用滤镜之前将前景色改为常用的"炭精笔"颜色(黑色、深褐色和血红色)。要获得减弱的效果,可将背景色改为白色,在白色背景中添加一些前景色,然后再应用滤镜。

(5)铬黄滤镜:该滤镜产生磨光的金属表面效果。其金属表面的明暗情况与原图的明暗基本对应。该滤镜不受前景色和背景色的控制。

(6)绘图笔滤镜:该滤镜使用精细的、直线油墨线条来捕捉原图像中的细节,产生一种素描效果。对油墨线条使用前景色,对纸张使用背景色来替换原图像中的颜色。执行完绘图笔命令后,当前图案的彩色消失,只存在黑白两色。

(7)半调图案滤镜:该滤镜把一幅图像处理成用前景色和背景色组成的有网板图案的绘画作品,图像产生一种铜版画效果。利用该滤镜可以轻易制作出有某种色彩倾向的怀旧风格作品。

(8)便条纸滤镜:该滤镜能够模仿由前景色和背景色两种颜色产生的类似粗糙手工制作的纸张相互粘贴的效果。

(9)影印滤镜:该滤镜产生凹陷压印的立体感效果。当执行完影印效果之后,计算机会把之前的色彩去掉,当前图像只存在棕色,有点像木雕。影印滤镜模仿复印机复印出来的图像效果,只突出一些明显的边界轮廓,其轮廓用前景色勾出,其余部分使用背景色。

(10)塑料效果滤镜:该滤镜把图像模拟成一个用塑料做成的浮雕,并使用前景色和背景色为图像着色,暗区凸起,亮区凹陷。

(11)网状滤镜:该滤镜使图像的暗调区域结块,高光区域轻微颗粒化,使图像表面产生网纹效果。

(12)图章滤镜:该滤镜使图像简化、突出主体,看起来像是用橡皮或木制图章盖上去的效果。一般用于黑白图像。

(13)撕边滤镜:该滤镜使图像产生被撕破后又重新拼合起来却又没有拼好的效果。比较适合含文本或对比度高的图像。

(14)水彩画纸滤镜:该滤镜就像在潮湿的纤维纸上涂抹,使图像产生一种浸湿、扩张的效果。

 贴心提示

可以通过"滤镜库"来应用素描滤镜。"素描"滤镜同样不能应用于CMYK和Lab模式图像。

10.风格化滤镜

风格化滤镜主要作用于图像的像素,通过置换像素和通过查找并增加图像的对比度,可以强化图像的色彩边界,最终营造出印象派绘画效果。这类滤镜共有9个。如图6-15所示为使用"风"滤镜之前(左图)和之后(右图)效果对比。

(1)扩散滤镜:该滤镜搅乱并扩散图像中的像素,使图像看起来像是透过磨砂玻璃观察产生的模糊效果。

(2)浮雕效果滤镜:该滤镜使图像产生浮雕效果,对比度越大的图像浮雕效果越明显。

图6-15 使用"风"滤镜前后效果对比

(3)凸出滤镜:该滤镜将图像分成一系列大小相同的三维立方块或棱锥体。它比较适用于制作刺绣或编织工艺所用的一些图案。该滤镜不能用在Lab模式下。

(4)查找边缘滤镜:该滤镜用相对于白色背景的深色线条来勾画图像的边缘,产生用铅笔勾描出图像中物体轮廓的效果。

(5)照亮边缘滤镜:可以使图像的边缘产生发光效果。不能用在Lab、CMYK和灰度模式下。

(6)曝光过度滤镜:该滤镜产生图像正片和负片混合的效果,类似摄影中的底片曝光。该滤镜不能应用在Lab模式下。

(7)拼贴滤镜:该滤镜能将图像按指定值分为若干个正方形的拼贴图块,产生瓷砖平铺效果。

(8)等高线滤镜:该滤镜寻找颜色过渡边缘,并围绕边缘勾画出较细较浅的线条。执行完等高线命令后,计算机会把当前文件图像以线条的形式呈现。

(9)风滤镜:该滤镜在图像中创建水平线以模拟风的动感效果。它是制作纹理或为文字添加阴影效果时常用的滤镜工具。

11.纹理滤镜

纹理滤镜主要用于生成具有纹理效果的图案,使图像具有质感。该滤镜在空白画面上也可以直接工作,并能生成相应的纹理图案。这类滤镜共有6个。如图6-16所示为使用"马赛克拼贴"滤镜前(左图)后(右图)效果对比。

图6-16 使用"马赛克拼贴"滤镜前后效果对比

(1)龟裂缝滤镜:该滤镜可以产生将图像弄皱后所具有的凹凸不平的皱纹效果,有点像在旧墙壁上画的壁画。它也可以在空白画面上直接产生具有皱纹效果的纹理。

(2)颗粒滤镜:该滤镜可以为图像增加一些杂色点,使图像表面产生颗粒效果,这样图像看起来就会显得有些粗糙。

（3）马赛克拼贴滤镜：该滤镜用于产生类似马赛克拼成的图像效果。

（4）拼缀图滤镜：该滤镜在"马赛克拼贴"滤镜的基础上增加了一些立体感，使图像产生一种类似于建筑物上使用瓷砖拼成图像的效果。

（5）染色玻璃滤镜：该滤镜可以将图像分割成不规则的多边形色块，然后用前景色勾画其轮廓，产生一种视觉上的彩色玻璃效果。

（6）纹理化滤镜：该滤镜用选定的纹理代替图像表面纹理，产生多种纹理压纹的效果，使图像看起来富有质感。用它尤其擅长处理含有文字的图像，使文字呈现比较丰富的特殊效果。

12.视频滤镜

视频滤镜是一组控制视频工具的滤镜，它们主要用于处理从摄像机输入的图像或做将图像输出到录像带上的准备工作。

（1）逐行滤镜：该滤镜通过消除图像中的奇数或偶数交错线来达到平滑视图的效果。

（2）NTSC颜色滤镜：该滤镜可消除普通视频显示器上不能显示的非法颜色，使图像可被电视正确显示。

13.其他滤镜

"其他"子菜单中的滤镜允许用户创建自己的滤镜、使用滤镜修改蒙版、在图像中使选区发生位移和快速调整颜色。这类滤镜共有5个。如图6-17所示为使用"自定"滤镜效果前（左图）后（右图）效果对比。

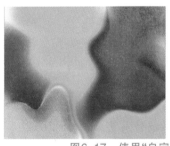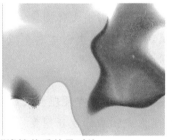

图6-17　使用"自定"滤镜前后效果对比

（1）自定义滤镜：该滤镜可以让用户定义自己的滤镜。

（2）高反差保留滤镜：该滤镜可以把图像的高反差区域从图像中分离出来。

（3）最小值滤镜：该滤镜使图像的暗调区扩展，亮调区收缩。

（4）最大值滤镜：该滤镜使图像的亮调区扩展，暗调区收缩。

（5）位移滤镜：该滤镜可以使图像按设定的值进行水平或垂直移动。

## 📁 项目制作

### 任务1　修改图像色调

①执行"文件"→"打开"命令，打开素材图片"雪景"，如图6-18所示。

图6-18　素材图片"雪景"

②复制背景图层,选取"背景副本"图层,在"图层"调板上单击"创建新的填充或调整图层"按钮 ◐,,在弹出的下拉菜单中选取"色彩平衡",打开"色彩平衡"对话框,将滑块分别移向青色和蓝色方向,改变图像色彩为青蓝色,如图6-19所示。

③执行"滤镜"→"杂色"→"添加杂色"命令,打开"添加杂色"对话框,设置参数"数量"为8%,"分布选择"为高斯分布,如图6-20所示。

④单击"确定"按钮,在"图层"调板中将图层混合模式设定为"柔光","不透明度"为80%,如图6-21所示,效果如图6-22所示。

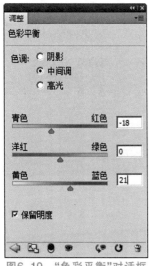

图6-19　"色彩平衡"对话框

图6-20　"添加杂色"对话框

图6-21　设定混合模式

图6-22　滤镜及混合模式效果

### 任务2　制作雪花

①选取"背景副本"图层为当前图层,执行"滤镜"→"像素化"→"点状化"命令,打开"点状化"对话框,设置"单元格大小"为5,如图 6-23 所示。

②单击"确定"按钮,效果如图6-24 所示。

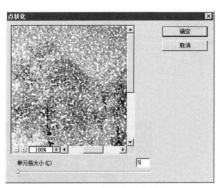

图6-23　"点状化"对话框

图6-24　"点状化"滤镜效果

### 任务3　制造雪花飞舞效果

①执行"滤镜"→"模糊"→"动感模糊"命令,在打开的"动感模糊"对话框中设置"角度"为 75 度,"距离"为 6,如图 6-25 所示。单击"确定"按钮,效果如图 6-26 所示。

②按"Ctrl+Shift+U"组合键,去除图层中图像的颜色,然后执行"滤镜"→"锐化"→"锐化"命令,对图像进行锐化,效果如图 6-27 所示。

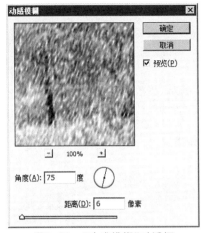

图6-25　"动感模糊"对话框

图6-26　"动感模糊"滤镜效果

图6-27　"锐化"滤镜效果

## 任务4　完成图像合成

①按"Ctrl+L"组合键打开"色阶"对话框,"输入色阶"分别设置为 115、1.00、235,"输出色阶"设置为 0、255,如图 6-28 所示。

②单击"确定"按钮,在"图层"调板中将"背景副本"的图层混合模式设置为"滤色",如图 6-29 所示,效果如图 6-30 所示。

③执行"文件"→"存储为"命令,打开"存储为"对话框,将图像文件另存为"大雪纷飞.psd",最终效果如图 6-31 所示。

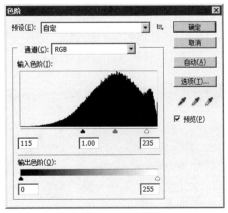

图6-28　"色阶"对话框

图6-29　设置混合模式

图6-30　混合模式效果

图6-31　"大雪纷飞"效果

项目小结

　　通过本项目学习,应掌握各种滤镜的使用方法,熟悉在什么情况下如何使用滤镜来变换图像,并且了解一个滤镜在什么情形中效果最好和滤镜使用上的一些限制。在Photoshop中要想处理好一幅图像,尤其是对图像做一些特效处理,就要恰当地运用滤镜以达到艺术境界。

项目2
制作水墨画效果

微视频：
制作水墨画效果

 项目描述

　　Photoshop 的滤镜是神奇的，功能是强大的，将一张普通的照片经过滤镜的处理，能制作成各种逼真的艺术画作。本项目将一张普通风景照片处理成水墨画效果，来试一试吧，参考效果如图 6-32 所示。

图6-32　水墨画效果

 项目分析

　　本项目首先运用"色相/饱和度"命令降低图像的饱和度，然后使用"高斯模糊"滤镜使图像模糊，用"水彩"滤镜制作水彩画效果，最后多次使用图层混合模式调整图像，即可制作出水墨画效果。本项目可分解为以下任务：

- 降低图像饱和度。
- 制作水彩画效果。
- 制作水墨画效果。

项目目标

- 灵活运用滤镜的综合使用方法。
- 复习色彩与色相的调整。

**项目制作**

*任务 1    降低图像饱和度*

①执行"文件"→"打开"命令,打开"打开"对话框,打开素材图片"江南水乡.jpg",如图
6-33 所示。

图6-33    打开素材图片

②将"背景"图层拖至图层调板下方的"创建新图层"按钮 上,复制出"背景 副本"图
层。单击图层调板底部的"创建新的图层或调整图层"按钮 ,在弹出的菜单中选择"色相/饱
和度"命令,打开"色相/饱和度"面板,设置如图 6-34 所示参数,降低图像的饱和度,效果如
图 6-35 所示。

图6-35    降低饱和度效果

图6-34    "色相/饱和度"面板

*任务 2    制作水彩画效果*

①按下"Ctrl+Shift+Alt+E"快捷键盖印图层,得到"图层 1",如图 6-36 所示。
②执行"滤镜"→"模糊"→"高斯模糊"命令,打开"高斯模糊"对话框,设置"半径"为 5.0,
如图 6-37 所示,单击"确定"按钮,使图像变得模糊,效果如图 6-38 所示。

图6-36　盖印图层　　　　图6-37　"高斯模糊"对话框　　　　图6-38　模糊效果

③设置"图层 1"的"混合模式"为变亮,使图像均匀染开,效果如图 6-39 所示。

④单击图层调板底部的"创建新的图层或调整图层"按钮，在弹出的菜单中选择"亮度/对比度"命令,打开"亮度/对比度"调板,设置"对比度"为 66,如图 6-40 所示,增加图像的对比度,效果如图 6-41 所示。

图6-39　变亮效果　　　　图6-40　增加对比度　　　　图6-41　增加对比度效果

⑤单击图层调板下方的"创建新图层"按钮，新建"图层 2",设置"前景色"为黑色,按"Alt+Delete"快捷键填充前景色。设置图层"混合模式"为色相,图层的"不透明度"为 50%,如图 6-42 所示,效果如图 6-43 所示。

图6-42　"图层"调板　　　　　　　图6-43　混合模式效果

⑥按下"Ctrl+Shift+Alt+E"快捷键盖印图层,得到"图层 3"。执行"滤镜"→"艺术效果"→"水彩"命令,在打开的"水彩"对话框中设置"画笔细节"为 14,"阴影强度"为 1,"纹理"为 1,如图 6-44 所示,单击"确定"按钮,图像显得更加清晰,效果如图 6-45 所示。

图6-44　水彩滤镜设置

图6-45　水彩画效果

## 任务 3　制作水墨画效果

①设置"图层 3"的图层"混合模式"为滤色,图层的"不透明度"为 50%,如图 6-46 所示,效果如图 6-47 所示。

图6-46　图层调板(1)

图6-47　滤色效果

图6-48　图层调板(2)

②单击图层调板下方的"创建新图层"按钮 ,新建"图层 4",设置"前景色"为"#4e7f6c",按"Alt+Delete"快捷键填充前景色。设置图层"混合模式"为柔光,"不透明度"为 50%,如图 6-48 所示,为图像添加淡淡的绿色,效果如图 6-49 所示。

③执行"文件"→"打开"命令,在弹出的"打开"对话框中打开素材图片"忆江南.jpg",打开一张文字图片,如图 6-50 所示。

④使用"移动工具" 将文字图片拖到水乡图片上,生成"图层 5",执行"编辑"→"自由变换"命令,调整文字内容的大小,并将其移至水乡图片的正上方,效果如图 6-51 所示。

图6-49 添加绿色效果

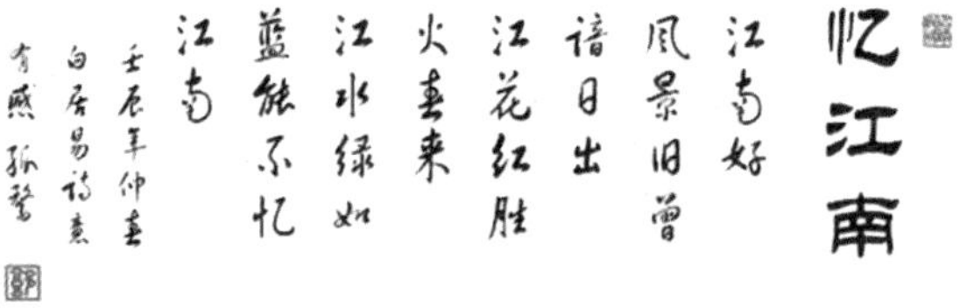

图6-50 打开文字图片

图6-51 最终效果

⑤执行"文件"→"存储"命令,在弹出的"存储为"对话框中,设置名称为"水墨画效果. psd",格式为"Photoshop(*.PSD;*.PDD)",单击"保存"按钮,保存图像文件。

**项目小结**

本项目通过多种常用滤镜的连环使用和调整图层的灵活运用,将一张普通的照片处理成艺术品的过程,告诉用户 Photoshop 滤镜的强大功能,利用它能创作出意想不到的效果。

**知识拓展**

一、液化滤镜

"液化"滤镜是 Photoshop 的独立滤镜,是修饰图像和创建艺术效果的强大工具,利用它可以对图像进行扭曲、变形、旋转和收缩等操作,对图像不完美的地方进行修改。

"液化"滤镜主要用于对照片进行修饰,可以快速对人物进行大眼、丰胸、瘦脸、瘦腰等美化操作。

其具体使用方法如下。

(1)双击工作区,打开如图 6-52 所示的素材图片。

（2）按"Ctrl++"快捷键将图像放大，使用"抓手工具"🖐移动图像，将人物脸部定位在画面中心位置，如图6-53所示。

图6-52　打开素材图片

图6-53　放大图像

（3）执行"滤镜"→"液化"命令，打开"液化"对话框，单击左侧工具箱中的"向前变形工具"🖐，在右侧设置该工具的参数分别为16、50、100，然后对脸部进行瘦脸的变形操作，如图6-54所示，

（4）单击"确定"按钮，经过液化后，可以看出人物脸部呈现瘦削的视觉效果，如图6-55所示。

图6-54　对脸部进行瘦脸

图6-55　瘦脸效果

## 二、Digimarc滤镜

Digimarc滤镜可以将数字水印嵌入到图像中，使图像的版权通过Digimarc Image技术的数字水印受到保护。水印是一种以杂色方式添加到图像中的数字代码，添加Digimarc水印后，无法进行通常的图像编辑或是文件格式转换后消除，水印仍然存在。拷贝带有嵌入水印的图像时，水印与水印相关的任何信息也被拷贝。Digimarc滤镜组中包括"嵌入水印"滤镜和"读取水印"滤镜。

在图像中嵌入水印之前应注意以下几个方面：

（1）颜色变化。为了有效地嵌入水印使肉眼察觉不到，图像必须包含一定程度的颜色变化或随机性,不能大部分或全部由一种单调颜色构成。

(2)像素大小。如果不希望在实际使用前修改或压缩图像,建议用 100×100 像素;如果希望在添加水印后裁剪、旋转、压缩或以其他方式修改图像,建议用 256×256 像素;如果希望图像最终以 300dpi 或更高的水印形式显示,建议用 750×750 像素。用于水印的像素尺寸没有上限。

(3)文件压缩。一般来说,使用有损压缩方法(如 JPEG)后,Digimarc 水印会保留下来,但建议首先考虑图像品质,然后再考虑文件大小。此外,嵌入水印时选取的"水印耐久性"设置越高,数字水印在压缩后仍存在的可能性就越大。

"嵌入水印"滤镜可以在图像中加入著作权信息。执行"滤镜"→"Digimarc"→"嵌入水印"命令,弹出"嵌入水印"对话框,如图 6-56 所示。

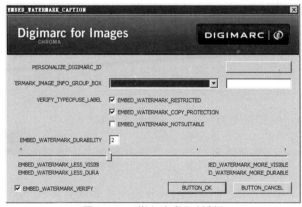

图6-56　"嵌入水印"对话框

这里:

● PERSONALIZE_DIGIMARC_ID:设置创建者的个人信息。

● ERMARK_IMAGE_INFO_GROUP_BOX:用来填写版权的申请年份等信息。

● VERIFY_TYPEOFUSE_LABEL:用来设置图像的适应范围。包括"限制使用"、"请勿拷贝"和"成人内容"。

● EMBED_WATERMARK_DURABILITY:设置水印的可见性和耐久性。

### 三、外挂滤镜

与 Photoshop 内部滤镜不同的是,用户需要自己动手安装外挂滤镜。安装外部滤镜的方法分为两种:一种是有封装好的外挂滤镜可以自动安装, 用户只需要在安装时选择 Photoshop 的滤镜目录即可;另外一种是手动安装,下面我们以 KPT 的安装为代表来介绍外挂滤镜的使用。

 贴心提示

安装的外挂滤镜要再次打开 Photoshop 才能生效!

Metacreations 公司的 KPT(Kai's Power Tools)系列是第三方滤镜的佼佼者,是 Photoshop 最著名的外挂滤镜。

首先来介绍 KPT 的安装。滤镜的安装非常简单,先将滤镜拷贝到 Photoshop 的"\ 增效工具 \ 滤镜"目录下,否则将无法直接运行滤镜。安装好以后启动 Photoshop 就会发现在"滤镜"菜单中多出了一个 KPT Effects 子菜单。

选择一个 KPT 特效滤镜,出现一非常豪华的全屏的参数调节对话框,从图 6-57 所示面板中可以感受到它的简洁,但又不乏齐全功能的特性。整个界面可以分为菜单栏、功能设置区域和预览窗口三个部分。

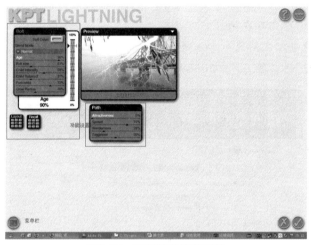

图6-57    KPT特效滤镜面板

滤镜的主体部分是 Bolt panel 和 Path panel 两个属性设置面板。在 Bolt 面板中可以设置闪电对象的总体尺寸和外形,比如闪电的长度、分支的稠密和外围的发光强度等属性,在 Path 面板中则可对闪电及其分支所通过的路径进行微调,如图 6-58 所示。

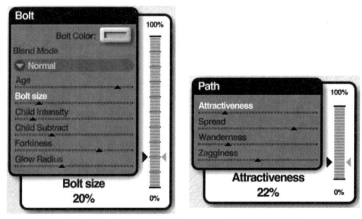

图6-58    Bolt panel和Path panel属性设置面板

可以说,KPT 大多数功能设置项都是在浮动面板上完成的,如图 6-59 所示,所以要熟悉面板上的各项功能。而通过各项细微的调整,对图像总体效果影响的把握,则不是一朝一夕的功夫,除了具有良好的艺术感觉外,与平时坚持不懈的创作也是密不可分的。

了解界面各面板及其功能设置后,就可以运用滤镜来给图像增加丰富的效果了。这里就 Lighting 滤镜,利用与裂痕相似的闪电形状,使用前后的效果如图 6-60 所示。

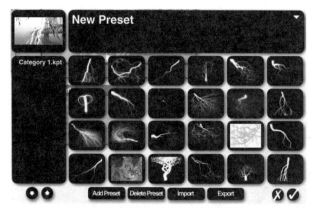

图6-59　KPT特效滤镜的浮动面板

图6-60　使用KPT特效滤镜制作闪电效果

**单元小结**

本单元共完成 2 个项目，完成后应掌握以下知识和技能：
◆ 深刻理解滤镜的含义和使用对象。
◆ 掌握各种内置滤镜的使用方法。
◆ 了解外挂滤镜的安装和使用。

**实训练习**

1.制作风驰电掣摩托车赛效果。在马达的轰鸣声中，摩托赛车手时而腾空飞跃，时而侧身穿越，惊心动魄的场面真是一场极限挑战的视觉盛宴。"风驰电掣"效果如图 6-61 所示。

操作提示：

（1）新建图形文件：自定义 20 厘米×13 厘米，RGB 色彩模式，72 分辨率；导入素材"摩托车手.jpg"，得到图层 1。

图6-61　"风驰电掣"效果

(2)在"图层"调板中复制图层1,得到图层1副本。

(3)以图层1副本为当前层,执行"滤镜"→"抽出"命令,在"抽出"对话框中,创建人物轮廓,如图6-62所示,单击"确定"按钮,抽出人物。

图6-62　"抽出"对话框

(4)执行"滤镜"→"模糊"→"动感模糊"命令,在"动感模糊"对话框中设置参数,"角度"设为45,"距离"设为3像素,给人物层添加动感模糊效果。

(5)以图层1为当前层,执行"滤镜"→"模糊"→"径向模糊"命令,在"径向模糊"对话框中设置参数,"数量"设为15,"模糊方法"设为缩放。

2.制作如图6-63所示的"圆形魔光"效果。

操作提示:

(1)新建一个名为"圆形魔光",大小为600×600像素的正方形文件,画布设为黑色。

(2)执行"滤镜"→"渲染"→"镜头光晕"命令,选择"电影镜头",并把光点放置在如图6-64所示的位置。再连续做4次镜头光晕滤镜,并调整光点的位置,效果如图6-65所示。

(3)执行"滤镜"→"扭曲"→"旋转扭曲"命令,设置角度为最大值。执行"滤镜"→"扭曲"→"极坐标"命令,选择"从平面坐标到极坐标"。复制背景得到背景副本,设置其混合模式为"滤色",对背景副本执行"编辑"→"变换"→"水平翻转"命令,按"Ctrl+E"合并图层再复制一份,并将图层混合模式设为"滤色"。

图6-63　"圆形魔光"效果

(4)对新副本进行自由变换,使其按中心点缩小一些,然后左手按"Shift+Ctrl+Alt"键,右手单击数次t键,连续进行复制变换,得到如图6-66所示的效果。

(5)复制所有图层,再复制一个副本,将其图层混合模式设置为"叠加"。选择"渐变工具",设置为"菱形渐变",色彩设为"透明彩虹",从图像中心往角上拉出一个渐变,效果如图

6-67 所示。

(6)重复复制一个副本,渐变属性设置为"反向",关闭渐变层的眼睛,在新副本上拉出一个渐变,完成最终效果。

图6-64 "镜头光晕"对话框

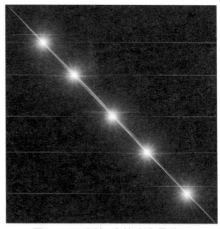

图6-65 连续5次镜头光晕效果

图6-66 复制变换效果

图6-67 渐变效果

## 第 7 单元
### 色 彩 与 色 调

对于一个平面设计人员来说，颜色是一种强有力的、刺激性极强的设计元素，它可以给人视觉上的震撼和冲击，因此，创建完美的色彩至关重要。图像色彩与色调的控制是编辑图像的关键，只有有效地控制图像的色彩与色调，才能制作出高质量的图像。Photoshop 的"图像"→"调整"子菜单为人们提供了完整的色彩与色调的调整功能，利用其中各项命令来编辑图像，可以让图像画面更加漂亮，主题更加突出。本单元将介绍调整图像的色彩与色调的方法，并讲解利用特殊色调控制图像的技巧。

本单元将按以下 2 个项目进行：

项目 1　打造蓝色梦幻婚纱照。

项目 2　制作经典怀旧老照片。

### 项目 1
### 打造蓝色梦幻婚纱照

微视频：

打造蓝色梦幻婚纱照

### 项目描述

一张照片是否足够吸引人们的视线，除了图像的构图外，整体的色调也是非常重要的。一张普通的照片，把它调成不同的色调，给人的视觉感受也是完全不同的，尤其是婚纱照，对照片的品质要求更是严格。参考效果如图7-1所示。

图7-1　原图(左)和"蓝色梦幻背景"效果(右)

项目分析

首先,由于使用调整命令或多或少会丢失一些颜色数据,因此,在对图像处理之前,需要将原图像复制一份,以避免数据的丢失。然后利用"调整"命令中的"可选颜色""照片滤镜""色相/饱和度"以及"色阶"等命令进行处理,制作蓝色梦幻背景效果。

本项目可分解为以下任务:

● 为照片添加梦幻效果。
● 调整照片蓝色基调。

 项目目标

● 掌握图像调整的各命令的使用方法。
● 灵活运用滤镜和通道为图像添加特殊效果。

📖 **知识卡片**

### 一、图像色彩调整

在Photoshop软件中可以采取以下色彩调整命令:"色彩平衡""色相/饱和度""去色命令""替换命令""匹配颜色"等。这里仅介绍"色相/饱和度"命令的使用。

"色相/饱和度命令"用于调整整个图像或单个颜色分量的色相、饱和度和亮度值,可以使图像变得更鲜艳或者改变成另一种颜色。其使用方法为:

(1)双击工作区,打开如图7-2所示的"苹果.jpg"素材图片。

(2)执行"图像"→"调整"→"色相/饱和度"命令,打开"色相/饱和度"对话框,调整"饱和度"为17,如图7-3所示,则图像的颜色更鲜艳了,效果如图7-4所示。

图7-2　打开素材图片　　　图7-3　"色相/饱和度"对话框　　　图7-4　调整饱和度效果

 贴心提示

在"色相/饱和度"对话框中显示有两个颜色条,它们以各自的顺序表示色轮中的颜色。上面的颜色条显示调整前的颜色,下面的颜色条显示调整后的颜色。对于"色相",输入一个值或拖移滑块,改变颜色。对于"饱和度",将滑块向右拖移增加饱和度,向左拖移减少饱和度。对于"明度",将滑块向右拖移增加亮度,向左拖移减少亮度。勾选"着色"选项,可将整个图像改变成单一颜色。

## 二、图像色调调整

在Photoshop中可以采取以下色调调整命令："色阶""曲线""亮度/对比度""暗调/高光"等。这里仅介绍"色阶"命令的使用。

色阶是表示图像亮度强弱的指数标准,一般地,图像的色彩丰富度和精细度是由色阶决定的。具体使用方法如下:

(1)双击工作区,打开如图7-5所示的"女孩.jpg"素材图片。

(2)执行"图像"→"调整"→"色阶"命令,打开"色阶"对话框,设置"黑场"为65,如图7-6所示,单击"确定"按钮,通过调整色阶,图像变得更清晰了,如图7-7所示。

 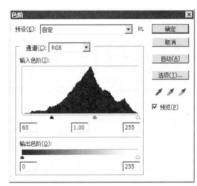 

图7-5　打开素材图片　　　　　　图7-6　"色阶"对话框　　　　　　图7-7　调整色阶后的效果

(3)在"色阶"对话框中单击"通道"下三角,在弹出的下拉列表中选择"红"通道,并设置"黑场"为40,"中间场"为0.9,如图7-8所示,单击"确定"按钮,此时可以看到图像中添加了绿色,整体上去掉了偏红的色调,效果如图7-9所示。

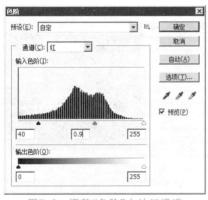 

图7-8　调整"色阶"中的红通道　　　　　　图7-9　改变图像偏色

(4)在"色阶"对话框中单击"通道"下三角,在弹出的下拉列表中选择"蓝"通道,并设置"黑场"为29,如图7-10所示,单击"确定"按钮,此时可以看到图像变得更清晰了,也改变了图像的颜色,图像的色调显得更自然了,效果如图7-11所示。

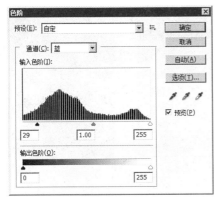

图7-10　调整"色阶"中的蓝通道　　　　图7-11　调整蓝通道后的效果

### 三、可选颜色

使用"可选颜色"命令可以对限定的颜色区域中各像素的青色、洋红色、黄色以及黑色的油墨进行调整，并且不影响其他颜色。具体使用方法如下：

(1)双击工作区，打开如图7-12所示的"少女.jpg"素材图片。

(2)执行"图像"→"调整"→"可选颜色"命令，打开"可选颜色"对话框，设置"颜色"为青色，点选"绝对"单选框，如图7-13所示，调整图像中蓝色区域的图像颜色。

(3)单击"确定"按钮，此时图像的蓝色区域被调整成紫色，而其他部分的图像颜色没有发生任何变化，如图7-14所示。

图7-12　打开素材　　　　图7-13　"可选颜色"对话框　　　　图7-14　调整效果

### 四、照片滤镜

"照片滤镜"命令与"匹配颜色""替换颜色""通道混合器"及"阴影/高光"等命令同属于高级调色命令，它们可以通过调整图像的色彩，使图像效果更加精美。

使用"照片滤镜"命令，可以调整图像具有暖色调或冷色调，还可以根据需要自定义色调。具体使用方法如下：

(1)双击工作区，打开如图7-15所示的素材图片。

(2)执行"图像"→"调整"→"照片滤镜"命令，打开"照片滤镜"对话框，设置"颜色"为橙色，"浓度"为49%，如图7-16所示，调整图像为暖色调。

(3)单击"确定"按钮，此时图像变得温暖和温馨，如图7-17所示。

图7-15　打开素材　　　　　图7-16　"照片滤镜"对话框　　　　图7-17　调整效果

### 五、曲线调整

曲线调整允许用户调整图像的整个色调范围。它最多可以在图像的整个色调范围(从阴影到高光)内调整 14 个不同的点,也可以对图像中的个别颜色通道进行精确的调整。具体使用方法如下:

(1)双击工作区,打开如图 7-18 所示的素材图片。

(2)执行"图像"→"调整"→"曲线"命令,打开"曲线"对话框,如图 7-19 所示。

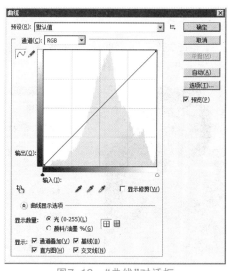

图7-18　打开素材图片　　　　　　图7-19　"曲线"对话框

 贴心提示

如果在"曲线"对话框的"通道"下拉列表中分别选择"红""绿""蓝"选项,再在网格中调整曲线可以快速调节图像颜色,赋予图像不同的色调。

(2)按住"Alt"键的同时在网格内单击鼠标,将网格显示方式切换为小网格。单击"预设"右侧的下三角按钮,在弹出的下拉列表中选择"较亮(RGB)"选项,则网格中的曲线上自动添加了一个锚点,如图 7-20 所示。此时图像的色调变得较亮,效果如图 7-21 所示。

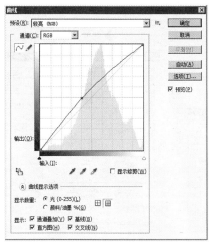

图7-20　调整曲线

图7-21　调整曲线后的效果

（3）在曲线上单击添加锚点，将锚点向上移动，如图 7-22 所示，单击"确定"按钮，此时图像的对比度和明暗关系都有所改变，亮的区域更亮，暗的区域更暗，效果如图 7-23 所示。

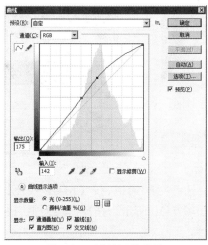

图7-22　继续调整曲线

图7-23　调整曲线后的最终效果

 **项目制作**

*任务1　为照片添加梦幻效果*

① 执行"文件"→"打开"命令，打开素材图片"婚纱照.jpg"，如图 7-24 所示。复制"背景"图层，得到"背景副本"图层，如图 7-25 所示。

② 执行"滤镜"→"模糊"→"高斯模糊"命令，打开"高斯模糊"对话框，设置"半径"为 5 像素，如图 7-26 所示，单击"确定"按钮。

③ 在"图层"调板中设置该图层的"混合模式"为柔光，"不透明度"为 60%，如图 7-27 所示，效果如图 7-28 所示。按"Ctrl+Shift+Alt+E"快捷键盖印图层，得到"图层 1"，如图 7-29 所示。

图7-24　素材图片"婚纱照"

图7-25　图层调板

图7-26　"高斯模糊"对话框

图7-27　图层设置

图7-28　设置图像效果

图7-29　盖印图层

④执行"窗口"→"通道"命令,打开"通道"调板,选择"绿"通道,按"Ctrl+A"快捷键全选"绿"通道图像,再按"Ctrl+C"快捷键复制"绿"通道,如图 7-30 所示。选择"蓝"通道,按"Ctrl+V"快捷键将"绿"通道粘贴到"蓝"通道中,如图 7-31 所示。

⑤返回"RGB"通道,按"Ctrl+D"快捷键取消选区,效果如图 7-32 所示。

图7-30　复制"绿"通道

图7-31　粘贴"绿"通道

图7-32　通道效果

### 任务2　调整照片蓝色基调

①执行"图像"→"调整"→"可选颜色"命令,打开"可选颜色"对话框,在"颜色"框中选择青色,参数设置如图 7-33 所示。单击"确定"按钮,效果如图 7-34 所示。

图7-34　调整效果　　　　　　　　　　　　　　　　图7-33　"可选颜色"对话框

②执行"图像"→"调整"→"照片滤镜"命令,打开"照片滤镜"对话框,设置"滤镜"为冷却滤镜(82),"颜色"为青色,"浓度"为 16,如图 7-35 所示。单击"确定"按钮,效果如图 7-36 所示。

图7-35　"照片滤镜"对话框　　　　　　　　　　　　图7-36　滤镜效果

③执行"图像"→"调整"→"色相/饱和度"命令,打开"色相/饱和度"对话框,设置"饱和度"为-26,如图 7-37 所示。单击"确定"按钮,效果如图 7-38 所示。

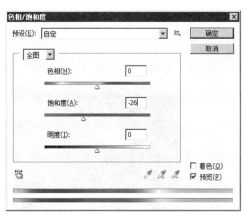

图7-37　"色相/饱和度"对话框　　　　　　　　　　　图7-38　饱和度效果

④执行"图像"→"调整"→"色阶"命令,打开"色阶"对话框,选择"RGB"通道,设置暗调、中间调、高光依次为 16,1.3,210,如图 7-39 所示。选择"绿"通道,设置中间调为 0.9,如图 7-40 所示。单击"确定"按钮,效果如图 7-41 所示。

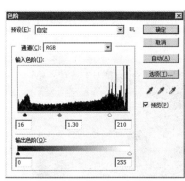

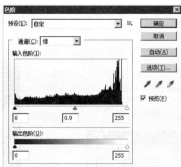

图7-39　"色阶"对话框　　　　图7-40　"色阶对话框"　　　　图7-41　色阶调整效果

⑤至此,婚纱照制作完成,执行"文件"→"存储为"命令,在打开的"存储为"对话框中重新对文件命名为"蓝色梦幻婚纱照",单击"保存"按钮保存(最终效果如图 7-1 所示)。

项目小结

　　图像调整用于改变图像中的色调和颜色。用户可以通过使用"色相/饱和度"来调整图像的颜色和饱和度,通过使用"色阶"对话框来调整图像的明暗程度,通过使用"可选颜色"来对限定的颜色区域中各像素的青色、洋红色、黄色以及黑色的油墨进行调整,通过使用"照片滤镜"来调整图像具有暖色调或冷色调或根据需要自定义色调。

项目 2
制作经典怀旧老照片

微视频：
制作经典怀旧老照片

 **项目描述**

人们总喜欢将过去的老照片处理如"新"，试想一下，一张明艳动人的明星照制作成"经典怀旧"效果会是什么样子呢？让我们动手尝试一下吧！原图像和制作完成的效果如图 7-72 所示。

图7-42　原图(左)和"经典怀旧老照片"效果(右)

 **项目分析**

首先，利用"调整"命令修改照片的怀旧色调；然后，利用"滤镜"为图像添加粗糙纸张般的质感和划痕；最后，利用"选区"制作破碎纸张的边缘效果。

本项目可分解为以下任务：

- 制作照片的怀旧色调。
- 为照片添加粗糙纸张般的质感和划痕。
- 制作照片破碎纸张的边缘效果。

 **项目目标**

- 掌握其他图像调整命令的使用。
- 灵活运用滤镜和选区为图像添加特殊效果。

**📖 知识卡片**

**一、亮度/对比度**

前面已经见过，在 Photoshop 中可以采取以下的色调调整方法："色阶""曲线""亮度/对比度"暗调/高光"等。这里将介绍"亮度/对比度"的使用。

"亮度/对比度"命令其实就是"曲线"命令的一个分支,用来简单地增加或减少图像亮度和颜色对比度,其使用方法如下。

首先,打开如图 7-43 所示素材图片,执行"图像"→"调整"→"亮度/对比度"命令,打开"亮度/对比度"对话框。将"亮度"滑块向右移动会增加色调值并扩展图像高光,而将"亮度"滑块向左移动会减少值并扩展阴影。"对比度"滑块可扩展或收缩图像中色调值的总体范围,如图 7-44 所示。完成设置后,单击"确定"按钮,效果如图 7-45 所示。

 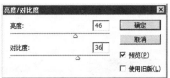 

图7-43 打开的素材图片　　图7-44 "亮度/对比度"对话框　　图7-45 "亮度/对比度"效果

## 二、色彩平衡

Photoshop 图像处理中一项重要内容就是调整图像的色彩平衡,通过对图像色彩平衡的调整,可以校正图像偏色、过度饱和或饱和度不足的问题。

具体使用方法如下。

(1)双击工作区,打开如图 7-46 所示的素材图片。

(2)执行"图像"→"调整"→"色彩平衡"命令,打开"色彩平衡"对话框,设置"色阶"分别为 7、27、36,点选"中间调"单选框,如图 7-47 所示,单击"确定"按钮,通过调整色彩平衡,降低了图像中的红色,改变了图像偏色的现象,效果如图 7-48 所示。

 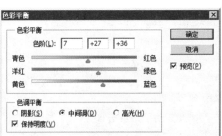 

图7-46 打开素材图片　　　图7-47 "色彩平衡"对话框　　　图7-48 调整色彩平衡后的效果

(3)在"色彩平衡"对话框中点选"阴影"单选框,设置"色阶"分别为-30、17、56,如图 7-49 所示,单击"确定"按钮,此时可以看到,通过对图像的阴影进行调整,加深了图像中人物和背景的颜色,使颜色对比更强,效果如图 7-50 所示。

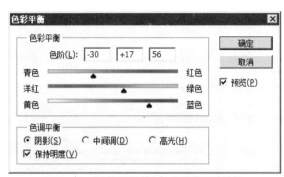

图7-49　调整阴影的"色彩平衡"对话框　　　　　图7-50　调整阴影后的效果

（4）在"色彩平衡"对话框中点选"高光"单选框，设置"色阶"分别为 5,16,36,如图 7-51 所示，单击"确定"按钮，此时可以看到，通过对图像高光处的颜色进行调整，使图像光感的效果更强，效果如图 7-52 所示。

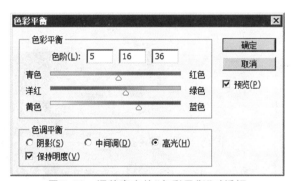

图7-51　调整高光的"色彩平衡"对话框　　　　　图7-52　调整高光后的效果

 贴心提示

　　"色彩平衡"命令的快捷键是"Ctrl+B"；"色相/饱和度"命令的快捷键是"Ctrl+U"。

 **项目制作**

*任务1　制作照片的怀旧色调*

①执行"文件"→"打开"命令，打开素材图片"明星.jpg"，如图 7-53 所示。

②修改照片的颜色。执行"图像"→"调整"→"色相/饱和度"命令，打开"色相/饱和度"对

话框,勾选"着色"复选框,设置"色相"为 30,"饱和度"为 40,"明度"为 0,如图 7-54 所示。单击"确定"按钮。

图7-53　素材图片"明星"

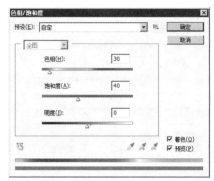

图7-54　"色相/饱和度"对话框

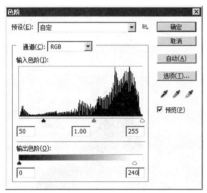

图7-55　"色阶"对话框

③进一步调整色调,增强对比度。执行"图像"→"调整"→"色阶"命令,打开"色阶"对话框,设置"输入色阶"为 50、1、255,"输出色阶"为 0、240,如图 7-55 所示,单击"确定"按钮。

④进一步提升图像的亮度。执行"图像"→"调整"→"亮度/对比度"命令,打开"亮度/对比度"对话框,设置"亮度"为 20,"对比度"为 0,如图 7-56 所示,单击"确定"按钮,效果如图 7-57 所示。

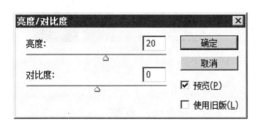

图7-56　"亮度/对比度"对话框

图7-57　制作怀旧色调

## 任务 2　为照片添加粗糙纸张般的质感和划痕

①制作纸张的粗糙感。执行"滤镜"→"纹理"→"颗粒"命令,打开"颗粒"滤镜,设置"强度"为 15,"对比度"为 18,"颗粒类型"为垂直,如图 7-58 所示。

②新建一个图层,设"前景色"为"白色",填充图层。

③执行"滤镜"→"杂色"→"添加杂色"命令,打开"添加杂色"对话框,设置"数量"为 45,选择"高斯分布",勾选"单色"复选框,如图 7-59 所示。

④将该图层的"混合模式"改为正片叠底,设置"不透明度"为 10%,如图 7-60 所示。

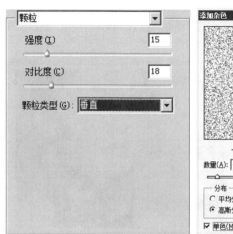

图7-58　"颗粒"滤镜

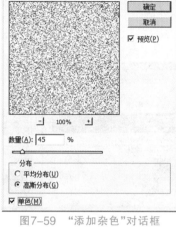

图7-59　"添加杂色"对话框

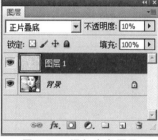

图7-60　添加杂色图层

⑤新建一个图层,设置"前景色"为黑色,使用"铅笔工具" ,"粗细"设为 1 个像素,"不透明度"为 100,在图层上随意画出些痕迹,然后将该图层的"混合模式"设为溶解,"不透明度"设为 40%,如图 7-61 所示。

⑥执行"图层"→"拼合图像"命令,合并图层,效果如图 7-62 所示。

图7-61　划痕图层

图7-62　纸张粗糙的质感

## 任务 3　制作破碎纸张的边缘效果

①新建图层 1,填充黑色。

②在图层调板上单击 图标,暂时隐藏该图层,然后在下面的图像层上绘制一个矩形选区,显示隐藏的图层。执行"选择"→"反向"命令,将反选区域填充白色,按"Ctrl+D"快捷键,取消选区,如图 7-63 所示。

③执行"滤镜"→"画笔描边"→"喷溅"命令,打开"喷溅"滤镜,设置"喷色半径"为 25,"平滑度"为 15,如图 7-64 所示。

图7-63　图层调板

④使用"魔棒工具" 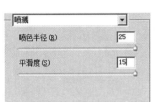选中黑色区域,单击图像图层,执行"图层"→"新建"→"通过拷贝的图层"命令,将选区中的图像拷贝到新"图层2"中。

⑤拖动鼠标将"图层2"移到"图层1"的上面,给"图层2"添加"投影"效果,突出显示,如图7-65所示,效果如图7-66所示。

图7-64　"喷溅"滤镜　　　　　图7-65　图层调板　　　　　图7-66　制作破碎边缘效果

⑥执行"文件"→"存储为"命令,在打开的"存储为"对话框中重新命名文件为"经典怀旧老照片",单击"保存"按钮保存制作的效果。最终效果如图7-42所示。

## 项目小结

　　使用图像的色彩调节命令还可以将照片做出发黄效果,通过滤镜和选区将照片做旧,有了这些工具,什么样的照片效果都可以做出来。

## 知识拓展

除前面使用的"色相/饱和度"和"色阶"等命令外,Photoshop 还可以采取以下命令进行色彩的调整:"去色""色彩平衡""替换颜色"和"匹配颜色"。

### 一、去色

"去色"命令可以从选中图层中移除所有颜色信息,把它变成灰度色。

首先,打开如图7-67所示图片,执行"图像"→"调整"→"去色"命令,效果如图7-68所示。

图7-67　素材图片　　　　　　　　　图7-68　"去色"后的效果

该命令相当于在"色相/饱和度"中将"饱和度"设为最低,把"图层"转变为不包含色相的灰度图像,但图像的颜色模式保持不变。

## 二、替换颜色

"替换颜色"命令可以将图像中的指定颜色替换为新颜色值。

(1)打开如图 7-69 所示图片,使用"魔棒工具"对红色气球制作选区;执行"图像"→"调整"→"替换颜色"命令,打开"替换颜色"对话框;设置替换的颜色为浅青色,如图 7-70 所示;单击"确定"按钮,效果如图 7-71 所示。

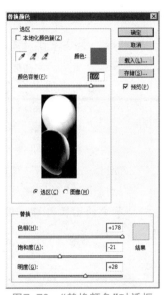

图7-69　打开素材图片　　　　图7-70　"替换颜色"对话框　　　　图7-71　替换颜色

使用"替换颜色"命令,可以创建蒙版,以选择图像中的特定颜色并替换这些颜色。另外,还可以设置选定区域的色相、饱和度和亮度。

如果选择"选区"显示选项,则在预览框中将显示蒙版。被蒙版的区域是黑色,其余区域是白色。部分被蒙版区域(覆盖有半透明蒙版)会根据不透明度显示不同的灰色色阶。

如果选择"图像"显示选项,则在预览框中将显示图像。在处理放大的图像或仅有有限屏幕空间时,该选项非常有用。

## 三、匹配颜色

若想将"图 7-72(a)"的颜色与"图 7-72(b)"的颜色相匹配,则对"图 7-72(b)"使用"匹配颜色"命令,打开"匹配颜色"对话框,设置如图 7-73 所示的参数,单击"确定"按钮后,效果如图 7-72"图 7-72(c)"所示。

当想使不同照片中的颜色保持一致,或者一个图像中的某些颜色(如皮肤色调)必须与另一个图像中的颜色匹配时,此命令非常有用。

"匹配颜色"命令可以匹配多个图像之间、多个图层之间或者多个选区之间的颜色。它还允许通过更改亮度和色彩范围以及通过中和色痕来调整图像中的颜色。"匹配颜色"命令仅适用于 RGB 模式。

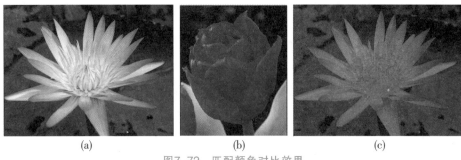

(a)                    (b)                    (c)

图7-72    匹配颜色对比效果

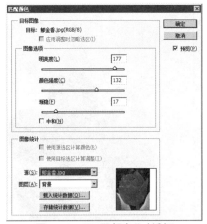

图7-73    "匹配颜色"对话框

另外,除了匹配两个图像之间的颜色以外,"匹配颜色"命令还可以匹配同一个图像中不同图层之间的颜色。

首先在图层中建立要匹配的选区。譬如要将一个图层中的颜色区域与另一个图层中的区域相匹配时,这一点非常重要。另外,一定要确保成为目标的图层,即要应用色彩调整的图层处于活动状态,然后执行"图像"→"调整"→"匹配颜色"命令。在"匹配颜色"对话框中的"图像统计"区域的"源"菜单中,确保"源"菜单中的图像与目标图像相同。

 贴心提示

可以使用"匹配颜色"控件对图像分别应用单个校正。例如,可以只调整"亮度"滑块以使图像变亮或变暗,而不影响颜色。或者,可以根据所进行的色彩校正的不同组合使用不同的控件。

四、阴影/高光

"阴影/高光"命令适用于校正由强逆光而形成剪影的照片,或者校正由于太接近相机闪光灯而有些发白的焦点。

打开如图7-74所示素材图片,执行"图像"→"调整"→"阴影/高光"命令,打开"阴影/高光"对话框,设置如图7-75所示参数,单击"确定"按钮,效果如图7-76所示。

图7-74    打开素材图片          图7-75    "阴影/高光"对话框          图7-76    "阴影/高光"效果

### 五、计算命令

计算命令可以用来混合两个来自一个或多个源图像的单个通道，使用该命令可以创建新的通道和选区，也可以生成新的黑白图像。

执行"图像"→"计算"命令，打开"计算"对话框，如图 7-77 所示。

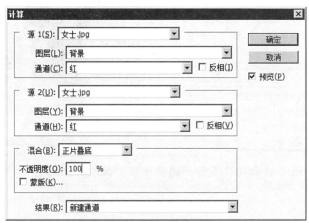

图7-77　"计算"对话框

这里：

- "源 1"：选择要参与计算的第一幅图像，系统默认为当前编辑的图像。
- "通道"：选择第一幅图像中要进行计算的通道名。
- "源 2"：选择要参与计算的第二幅图像。
- "混合"：选择图像合成的模式。
- "结果"：选择如何应用混合模式结果。

具体使用方法如下。

(1)打开如图 7-78 所示的素材图片。

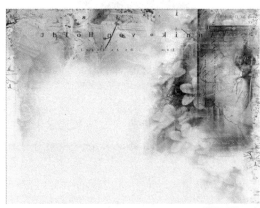

图7-78　打开素材图片

(2)执行"图像"→"计算"命令，打开"计算"对话框，设置"源 1"为背景图片，"通道"为蓝，"源 2"为女士图片，"通道"为绿，"混合模式"为正片叠底，如图 7-79 所示。

(3)单击"确定"按钮，即可将打开的两张素材图片合成，效果如图 7-80 所示。

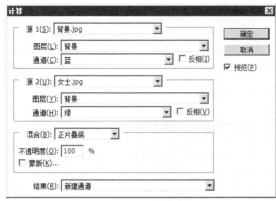

图7-79　设置参数

图7-80　图像合成效果

## 六、特殊色调控制

在 Photoshop 中还可以采取以下色调调整方法:"反相""色调均化""色调分离""阈值"和"渐变映射"等。

### 1.反相

"反相"命令是将图像中的色彩转换为反转色,如白色转为黑色,红色转为青色,蓝色转为黄色等。其效果类似于普通彩色胶卷冲印后的底片效果。

打开如图 7-81 所示素材图片,执行"图像"→"调整"→"反相"命令,效果如图 7-82所示。

图7-81　打开素材图片

图7-82　"反相"效果

💬 贴心提示

在对图像进行"反相"时,通道中每个像素的亮度值都会转换为 256 级颜色值标度上相反的值。例如,正片图像中值为 255 的像素会被转换为 0,值为 5 的像素会被转换为 250。

### 2.色调均化

"色调均化"命令可以将图像中最亮的部分提升为白色,最暗部分降低为黑色。但它会按照灰度重新分布亮度,使得图像看上去更加鲜明。

打开如图 7-81 所示素材图片,执行"图像"→"调整"→"色调均化"命令,效果如图 7-83所示。

📢 贴心提示

当扫描的图像显得比原稿暗，并且想提高图像的亮度时，可以使用"色调均化"命令处理。

图7-83 "色调均化"效果

### 3.色调分离

"色调分离"命令用于大量合并亮度,最小数值为 2 时合并所有亮度到暗调和高光两部分,数值为 255 时则没有效果。此命令可以在保持图像轮廓的前提下,有效地减少图像中的色彩数量。

打开如图 7-81 所示素材图片,执行"图像"→"调整"→"色调分离"命令,弹出"色调分离"对话框,设置色阶值,如图 7-84 所示,单击"确定"按钮,效果如图 7-85 所示。

图7-85 "色调分离"效果

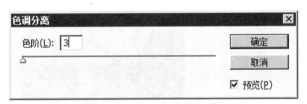

图7-84 "色调分离"对话框

使用"色调分离"命令时,可以指定图像中每个通道的色调级(或亮度值)的数目,然后将像素映射为最接近的匹配级别。使用时开启"RGB 直方图调板"即可看见合并后的色阶效果。例如,在 RGB 图像中选取两个色调色阶将产生六种颜色:两种代表红色,两种代表绿色,另外两种代表蓝色。另外,该命令可以在照片中创建特殊效果,如创建大的单调区域,同时减少灰色图像中的灰阶数量。

📢 贴心提示

如果想在图像中使用特定数量的颜色,请将图像转换为灰度并指定需要的色阶数,然后将图像转换成以前的颜色模式,并使用想要的颜色替换不同的灰色调。

### 4.阈值

"阈值"是将灰度或彩色图像转换为高对比度的黑白图像。

打开如图 7-81 所示素材图片,执行"图像"→"调整"→"阈值"命令,打开"阈值"对话框,如图 7-86 所示,指定某个色阶作为阈值,单击"确定"按钮后,效果如图 7-87 所示。所有比阈值亮的像素转换为白色,而所有比阈值暗的像素转换为黑色。

使用"阈值"命令时,应反复移动色阶滑块观察效果。一般设置在像素分布最多的亮度上可以保留最丰富的图像细节,其效果可用来制作漫画或版刻画。

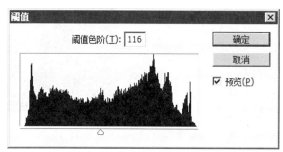

图7-86　"阈值"对话框　　　　　　　　　　　图7-87　"阈值"效果

5.渐变映射

"渐变映射"命令用于将相等的图像灰度范围映射到指定的渐变填充色中。

打开如图 7-81 所示素材图片,执行"图像"→"调整"→"渐变映射"命令。打开"渐变映射"对话框,如图 7-88 所示,默认情况下,图像的阴影、中间调和高光分别映射到渐变填充的起始(左端)颜色、中点和结束(右端)颜色,单击"确定"按钮,效果如图 7-89 所示。

图7-88　"渐变映射"对话框　　　　　　　　　图7-89　"渐变映射"效果

这里,"渐变选项"中的选项可以选任意一项或两个选项,或者不选择。

● "仿色"指添加随机杂色以平滑渐变填充的外观并减少带宽效应。

● "反向"指切换渐变填充的方向,从而反向渐变映射。

---

单元小结

本单元共完成 2 个项目,学完后应掌握以下知识:

◆ 掌握图像色彩调整的方法。

◆ 掌握图像色调调整的方法。

◆ 了解特殊色调控制图像的方法。

1.利用学过的有关图像调整的方法,将给定素材图片进行"季节变换",效果如图 7-90 所示。

图7-90　"季节变换"效果

操作提示:打开素材,使用"曲线"命令对原图进行轻微提亮操作。使用"矩形选框工具"选取图像的一半,注意选区的右边界应放在树干的中间,这样效果好一点,把图像的左边一半复制到"图层 1"中,将右边一半复制到"图层 2"中。分别在图层调板中选中"图层 1""图层 2",先使用"色彩平衡"命令进行色彩调整。左半图执行 3 次色彩平衡命令,参数依次为:(中间调,39,−65,−33),(高光,−24,11,0),(阴影,−73,78,55);右半图也执行 3 次色彩平衡命令,参数依次为:(中间调,46,−15,−100),(高光,19,25,3),(阴影,29,−4,21)。再使用"色相/饱和度"命令降低饱和度,"图层 1"的参数为(0,−44,0),"图层 2"参数为(35,100,0),使左图为冷色调、右图为暖色调。合并"图层 1"和"图层 2"。打开纹理素材,用"移动工具"将纹理拖入到刚才编辑的文件中,改变"图层 3"混合模式为"叠加"。最后加入简单的文字修饰,保存文件。

2.仿照项目 2 的制作方法制作如图 7-91 所示的怀旧老照片效果。

图7-91　"怀旧老照片"效果

第 **8** 单元
路径与形状

通过本单元学习,主要了解路径的组成及作用;掌握路径工具及路径调板的使用;掌握利用路径制作选区的方法;掌握使用形状工具绘制各种形状;了解文字与路径的关系;掌握制作路径文字的方法;学会利用路径绘制各种艺术效果的方法和技巧。

本单元将按以下 2 个项目进行:

项目 1　制作鼠标汽车效果。

项目 2　设计 VIP 贵宾卡。

**项目 1**
**制作鼠标汽车效果**

微视频:
制作鼠标汽车效果

 项目描述

图像合成是 Photoshop 最常见的一种操作,利用路径工具抠图,将平常使用的鼠标加上车轮就变成了非常有创意的鼠标汽车,这样的汽车还没有见过吧?试着动手做一下,参考效果如图 8-1 所示。

 项目分析

首先,利用"钢笔工具"将鼠标抠出,用同样的方法将汽车需要的部分抠出,然后将两部分合成,并利用"路径选择工具"进行调整,最后添加图层样式即可。本项目可分解为以下任务:

- 图像合成。
- 图像调整。

图8-1　鼠标汽车效果

 项目目标

- 掌握钢笔工具的使用方法。
- 掌握路径转换为选区的方法。

📖 **知识卡片**

**一、路径的构成**

路径是由线段和锚点两部分组成的,锚点标记路径上每一条线段的两个端点,锚点可以控制曲线。在曲线段上,每个被选中的锚点显示一条或两条方向线,方向线以方向点结束。拖动方向点可改变方向线,进而改变曲线段的曲率和形状,如图8-2所示。路径可以是闭合路径,也可以是开放路径。

锚点可分为两种,平滑过渡的曲线连接锚点称为平滑点;尖锐过渡的曲线路径的连接锚点称为角点,如图8-3所示。

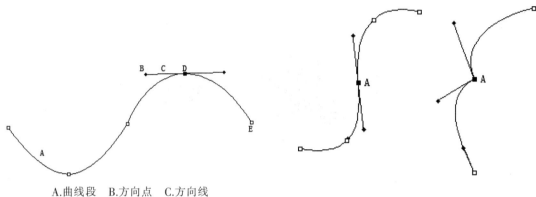

A.曲线段　B.方向点　C.方向线
D.选中的锚点　E.未选中的锚点

图8-2　路径的构成　　　　　　　　图8-3　左边为平滑点,右边为角点

对于平滑点,当移动平滑点的一条方向线时,将同时调整该点两侧的曲线段。

对于角点,当移动角点的一条方向线时,只调整与方向线同侧的曲线段。

要显示路径和锚点,使用"路径选择工具" 或"直接选择工具" 选择路径即可。"路径选择工具"可以显示和整体修改路径,但不能对路径进行局部修改。"直接选择工具"可以对路径进行局部修改。

## 二、路径工具的作用

使用路径工具画出的曲线可以做精确的调整,可以对路径进行描边、填充,自定义图形,所以它也是一种绘画工具。通过"路径"调板可以将路径转换为选区(或按"Ctrl+回车"快捷键),来实现精确的抠图。

因为路径是矢量信息,其占用的磁盘空间比较小,可利用它保存和传递图像辅助信息。

## 三、路径工具的种类

(1)"钢笔工具"可用来绘制不规则形状路径。

(2)"形状工具组"(如矩形、圆角矩形、椭圆、多边形、直线、自定义形状)可用来绘制各种规则形状的路径。

## 四、钢笔工具

"钢笔工具" 可用于绘制具有最高精度的图像;"自由钢笔工具" 可以像使用铅笔在纸上绘制图形一样在窗口绘制图形。

"钢笔工具"的选项栏如图8-4所示。

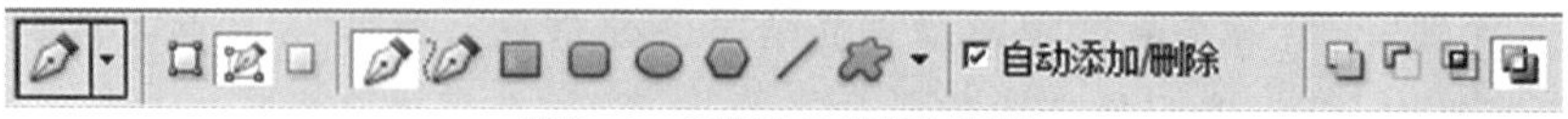

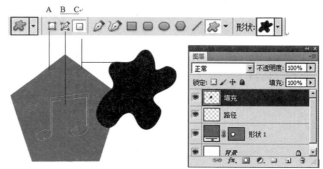

图8-4　"钢笔工具"选项栏

可以使用3种不同的模式结合使用"钢笔工具"和"形状工具组"以创建复杂的形状,如图8-5所示。

图8-5　"钢笔工具"选项栏中3种不同模式的区别

图中,A为形状图层,在单独的图层中创建形状。用户可在一个图层上绘制多个形状。形状图层含有定义形状颜色的填充图层以及定义形状轮廓的链接矢量蒙版。形状轮廓是路径,它出现在"路径"调板中。

B为路径,在当前图层中绘制一个工作路径,可随后使用它来创建选区、创建矢量蒙版,或者使用颜色填充和描边以创建栅格图形(与使用画笔工具非常类似)。除非存储工作路径,否则它是一个临时路径。路径出现在"路径"调板中。

C为填充像素,直接在图层上绘制,与画笔工具的功能非常类似。在此模式中工作时,创建的是栅格图像,而不是矢量图形。在此模式中只能使用形状工具。

用"钢笔工具"绘制曲线的方法是,在曲线改变方向的位置添加一个锚点,然后拖动构成曲线形状的方向线。方向线的长度和斜度决定了曲线的形状。

(1)拖动曲线中的第一个点,如图8-6所示。

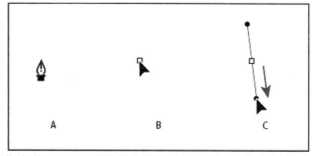

A.定位"钢笔"工具　B.开始拖动(鼠标按钮按下)　C.拖动以延长方向线

图8-6　绘制曲线中的第1个点

(2)绘制曲线中的第二个点,若要创建C形曲线,可向前一条方向线的相反方向拖动。若要创建S形曲线,可按照与前一条方向线相同的方向拖动,如图8-7所示。

(3)绘制M型曲线,如图8-8所示。

在定义好第二个锚点后,不用到工具栏切换工具,将鼠标移动到第二个方向线手柄上,

按住"Alt"键即可暂时切换到"转换点工具" 进行调整;而按住"Ctrl"键将暂时切换到"直接
选择工具" ,可以用来移动锚点位置,松开"Alt"或"Ctrl"键立即恢复成"钢笔工具",可以继
续绘制。

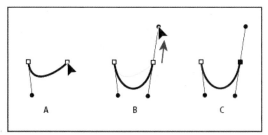
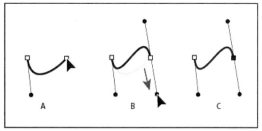

图8-7　绘制曲线中的第2个点

💬 贴心提示

虽然"直接选择工具"也可以修改方向线,但"来向""去向"有时候(当两者同时显示的
时候)会被该工具一起修改。

(4)绘制心型图形,如图8-9所示。

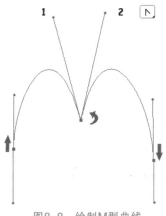

图8-8　绘制M型曲线

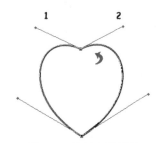

图8-9　绘制心型图形

绘制完后按住"Ctrl"键在路径外任意位置单击,即可完成绘制。如果没有,先按住"Alt"
键就连接起点,将无法单独调整方向线,此时再按下"Alt"键可单独调整。

(5)添加锚点工具和删除锚点工具。

对于一条已经绘制完毕的路径,有时候需要在其上添加锚点(也有可能是在半途意外终
止绘制)或者是删除锚点。首先应将路径显示出来(可从路径调板查找并单击路径),然后在
原路径上使用"添加锚点工具" 添加锚点或者使用"删除锚点工具" 删除锚点。

## 五、"路径"调板

"路径"调板如图8-10所示,其各按钮的主要功能如下。

● "前景色填充路径"按钮 :单击此按钮,将以前景色填充创建的路径。

A.存储的路径　B.临时工作路径　C.矢量蒙版路径(只有在选中了形状图层时才出现)
D.用前景色填充路径　E.用画笔描边路径　F.将路径作为选区载入
G.从选区生成工作路径　H.创建新路径　I.删除当前路经
图8-10　"路径"调板

● "画笔描边路径"按钮○：单击此按钮,将以前景色为创建的路径描边,其描边宽度为1个像素。

● "路径作为选区载入"按钮○：单击此按钮,可以将创建的路径转换为选择区域。

● "从选区生成工作路径"按钮○：确认图形文件中有选择区域,单击此按钮,可以将选择区域转换为路径。

● "创建新路径"按钮▪：单击此按钮,将在"路径"调板中新建一路径。若"路径"调板中已经有路径存在, 将鼠标光标放置到创建的路径名称处按下鼠标向下拖曳至此按钮处释放鼠标,可以完成路径的复制。

● "删除当前路径"按钮▪：单击此按钮,可以删除当前选择的路径。也可以将想要删除的路径直接拖曳至此按钮处,释放鼠标即可完成路径的删除。

💬 贴心提示

在"路径"调板中的灰色区域单击鼠标,会将路径在图像文件中隐藏。再次单击路径的名称,即可将路径重新显示在图像文件中。

---

##  项目制作

### 任务1　图像合成

①执行"文件"→"打开"命令,打开素材图片"鼠标.jpg",如图8-11所示。

②选择"钢笔工具" ✐,单击选项栏的"路径"按钮▨,在图像上绘制如图8-12所示的路径,勾勒出鼠标的外轮廓。

③选择"添加锚点工具"⁺✐,在每段路径的中点处单击并进行拖曳,调整路径。选择"转换点工具" ⌐,将所有尖突点转换为平滑点,路径效果如图8-13所示。此时,"路径"调板如图8-14所示。

图8-11　素材图片"鼠标"

图8-12　勾勒鼠标外轮廓

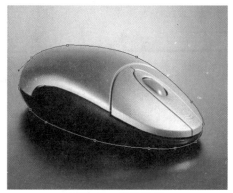

图8-13　调整路径

图8-14　"路径"调板

④单击"路径"调板下方的"将路径作为选区载入"按钮 ⚪ ,将绘制的路径转换为选区,效果如图8-15所示。

⑤执行"选择"→"修改"→"收缩"命令,打开"收缩选区"对话框,将收缩量设置为1像素,如图8-16所示,单击"确定"按钮。

图8-15　路径转换为选区

图8-16　"收缩选区"对话框

⑥双击控制区,弹出"打开"对话框,打开素材图片"背景.jpg",如图8-17所示。利用"移动工具" ➤⊕将鼠标选区拖曳至背景图片上,按"Ctrl+T"组合键,调整鼠标大小,效果如图8-18所示。

图8-17　背景素材图片

图8-18　将鼠标移至背景上

⑦执行"文件"→"打开"命令，打开素材图片"汽车.jpg"，如图8-19所示。

⑧选择"钢笔工具" ，单击工具选项栏上的"路径"按钮 ，在图像上绘制如图8-20所示的路径，将汽车所需部分勾勒出来。勾勒时可以沿着汽车棱角线进行。

图8-19　素材图片"汽车"

图8-20　绘制路径

图8-21　调整路径形状

⑨选择"添加锚点工具" ，在每段路径的中点处单击并进行拖曳，调整路径到如图8-21所示的形状。

⑩单击"路径"调板下方的"将路径作为选区载入"按钮 ，将绘制的路径转换为选区，效果如图8-22所示。

⑪选择"移动工具" ，将汽车选区内容拖曳至背景图片上，按"Ctrl+T"快捷键对车轮进行自由变换，调整大小和位置，并旋转至如图8-23所示的形状，按"Enter"键确认变换。

图8-22　将路径转换为选区

图8-23　调整大小和位置

## 任务2　图像调整

①将前轮与鼠标的不连接处用"钢笔工具" ✎ 勾勒出来,如图8-24所示。将路径转换为选区后,填充黑色,效果如图8-25所示。

图8-24　勾勒不连接处

图8-25　填充黑色

②用"钢笔工具" ✎ 将后轮多余的部分勾勒出来,转换为选区后将多余部分删除。选择鼠标所在图层,将底座多余部分勾勒出来,并转换为选区后删除,效果如图8-26所示。

③用"钢笔工具" ✎ 将汽车图片车头下方的白色小灯勾勒出来,转换为选区后拖曳至鼠标文件中,调整大小,设置车灯所在图层的图层样式为"斜面和浮雕",设置参数为枕状浮雕,大小为1,效果如图8-27所示。

图8-26　删除后轮与底座多余部分

图8-27　添加车灯

④用"钢笔工具" ✎ 将汽车图片的车大灯勾勒出来, 转换为选区后拖曳至鼠标文件中,按"Ctrl+T"快捷键调整大小,然后复制该图层并水平翻转,调整大小和形状,移至鼠标另一侧,效果如图8-28所示。

⑤选中鼠标图层, 执行 "图像"→"调整"→"色相/饱和度"命令,打开"色相/饱和度"对话框,将饱和度设置为−80,如图8-29所示,单击"确定"按钮。

图8-28　复制车大灯

⑥执行"图像"→"调整"→"色彩平衡"命令,打开"色彩平衡"对话框,将黄色调整至−100,将红色调整到60,如图8−30所示,单击"确定"按钮。

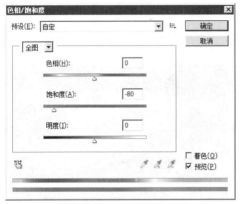

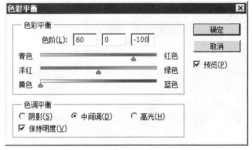

图8−29  "色彩平衡"对话框                    图8−30  "色彩平衡"对话框

⑦执行"图像"→"调整"→"曲线"命令,打开"曲线"对话框,参数设置如图8−31所示,效果如图8−32所示。

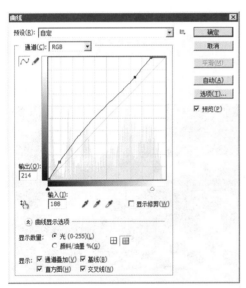

图8−31  "曲线"对话框

图8−32  图像调整效果

图8−33  制作另一侧车轮

⑧复制车轮所在图层,置于鼠标图层下方,按"Ctrl+T"快捷键调整大小,移至鼠标的另一侧,效果如图8−33所示。

⑨执行"文件"→"存储为"命令,将图像文件以"鼠标汽车.psd"为文件名重新进行保存,最终效果如图8−1所示。

**项目小结**

　　本项目介绍了利用"钢笔工具"绘制路径以及将路径转换为选区的方法，事实上路径与选区是可以相互转换的，这为利用路径抠图进行图像的合成又提供了一种方法。

## 项目2 设计 VIP 贵宾卡

微视频：
设计 VIP 贵宾卡

 项目描述

　　由于商业宣传的需要，各类卡片广泛应用于商务活动中，在推销各类产品的同时还有展示企业文化、宣传企业的作用。本项目为紫薇国际美容中心设计制作一款VIP贵宾卡片，参考效果如图8-34所示。

 项目分析

　　首先，使用"圆角矩形工具"和"自定形状工具"及"渐变填充"命令制作卡片图案背景，然后，利用"横排文字工具"输入文字方案。本项目可分解为以下任务：

- 制作卡片背景图案。
- 输入文字方案。

图8-34　VIP贵宾卡效果

项目目标

- 掌握圆角矩形工具及自定形状工具的使用。
- 掌握形状的绘制和填充像素的方法。
- 复习路径和图层的使用。

 **知识卡片**

一、绘制形状

　　形状工具主要用于绘制路径或形状图层，它包括"矩形工具" 🔲、"圆角矩形工具" 🔲、"椭圆工具" 🔵、"多边形工具" ⬡。

　　1.矩形工具、圆角矩形工具和椭圆工具

　　"矩形工具""圆角矩形工具""椭圆工具"分别用来绘制矩形、圆角矩形和椭圆形的路径或形状图层。按住"Shift"键的同时使用此工具进行绘制,可以分别绘制出正方形、圆角正方形和圆形的路径或形状图层。单击选项栏上的工具切换按钮右侧的下拉按钮 ▼ ,将打开所选工具的选项列表框,如图8-35所示为矩形工具的"矩形选项"列表框。

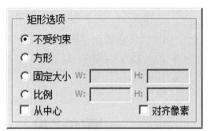

图8-35　"矩形选项"列表框

### 2.多边形工具

"多边形工具"主要用来绘制多边形或星形,由选项栏的"边"文本框来设置多边形的边数。单击选项栏上的工具切换按钮右侧的下拉按钮,将打开该工具选项列表框,如图8-36所示。

这里:

● "平滑拐角":使绘制的多边形或星形顶角更加平滑,效果如图8-37所示。

图8-36　"多边形选项"列表框

图8-37　平滑拐角效果

● "星形":勾选用于设置并绘制星形,反之则绘制多边形。

● "缩进边依据":用于设置星形缩进边占总边长的百分比,比例越大星形的内缩效果越明显。该选项只有在"星形"复选框被选中时才有效。如图8-38、图8-39所示为"缩进边依据"分别是30%和60%的效果。

图8-38　"缩进边依据"为30%的效果

图8-39　"缩进边依据"为60%的效果

● "平滑缩进":使星形缩进的顶角效果为圆角凹角。该选项也是在选中"星形"复选框时才有效。如图8-40、图8-41所示分别为"缩进边依据"为30%和60%的平滑缩进效果。

图8-40 "缩进边依据"为30%的平滑缩进效果　　图8-41 "缩进边依据"为30%的平滑缩进效果

## 二、直线工具

"直线工具" ✎ 主要用来绘制直线、带箭头的路径或形状图层。其选项栏与"矩形工具"类似,只是多了一个"粗细"选项,用于设定绘制的线段或箭头的粗细。如果需要绘制带箭头的直线,单击选项栏中工具切换按钮右侧的下拉按钮,打开"箭头"列表框,如图8-42所示。

## 三、自定形状工具

"自定形状工具" ✿ 可以用来绘制Photoshop预设的路径或形状图层。单击选项栏中工具切换按钮右侧的下拉按钮 ▼ ,将打开"自定形状选项"面板,如图8-43所示。单击"形状"选项右侧的下拉按钮 ▼ ,将打开预设的"自定形状"选项面板,如图8-44所示。

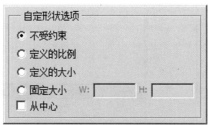

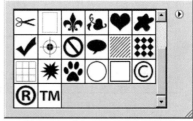

图8-42 "箭头"列表框　　图8-43 "自定形状选项"面板　　图8-44 "自定形状"选项面板

在面板中选取所需要的图形,然后在画布中拖曳鼠标,即可绘制相应的图形。单击该面板右侧的按钮 ▶ ,将弹出下拉菜单,在此可以设置、选择或添加所需的形状。

## ▣ 项目制作

### 任务1　制作卡片背景图案

①执行"文件"→"新建"命令,打开"新建"对话框,输入名称"VIP贵宾卡",卡片大小为9

厘米×6厘米,分辨率为200像素/英寸,颜色模式为RGB颜色,背景为白色,如图8-45所示。

图8-45 "新建"对话框

②单击"确定"按钮,新建空白文档。选择"圆角矩形工具" ,在工具选项栏中单击"路径"按钮 ,单击"几何选项"按钮 ▼,在弹出的"圆角矩形选项"面板中点选"固定大小"单选按钮,设置W为9厘米,H为6厘米,如图8-46所示。

③设置半径为30像素,将鼠标指针移至图像编辑窗口的左上角处单击鼠标左键,绘制一个指定大小的圆角矩形路径,如图8-47所示。

图8-46 "圆角矩形选项"面板

图8-47 绘制圆角矩形

④按"Ctrl+Enter"组合键,将绘制的路径转换为选区。新建"图层1"图层,选择"渐变工具" ,在工具选项栏单击"线性渐变"按钮 ,为选区填充RGB (108,16,150) 到RGB(241,185,247)颜色的由上到下的线性渐变,效果如图8-48所示。

⑤按"Ctrl+D"快捷键取消选区,单击图层调板下方的"创建新的填充或调整图层"按钮 ,在弹出的下拉菜单中选择"自然饱和度"选项,新建"自然饱和度1"调整图层,弹出"调

图8-48 填充选区

整"面板,设置"自然饱和度"为70,"饱和度"为0,如图8-49所示,以提高图像饱和度,效果如图8-50所示。

图8-49　"调整"面板

图8-50　提高饱和度效果

⑥新建"图层2"图层;选择"自定形状工具"，在工具选项栏中单击"填充像素"按钮，再单击"点按可打开自定形状拾色器"按钮，在弹出的"自定图案选项"面板中单击右侧的按钮，在弹出的菜单中选择"全部"选项,添加全部的图案,设置前景色为RGB(248,181,255),在"自定图案"面板中选择"花4"图案,然后在图像左上角处绘制若干大小不一的图案,如图8-51所示。

⑦在"自定图案"面板中选择"花2"图案,单击工具选项栏中"形状图层"按钮，然后在图像左下角处绘制形状,创建"形状1"图层;按"Ctrl+T"快捷键,调整形状的大小和旋转位置,按"Ctrl+Enter"组合键转换形状为选区,按"Ctrl+D"快捷键取消选区,去除轮廓线,效果如图8-52所示。

图8-51　绘制花4图案

图8-52　绘制花2图案

⑧复制"形状1"图层2次,按"Ctrl+T"快捷键,调整复制的形状大小和旋转位置,按"Ctrl+Enter"组合键转换形状为选区,按"Ctrl+D"快捷键取消选区,以去除轮廓线,效果如图8-53所示。此时,"图层"调板如图8-54所示。

⑨按"Ctrl+O"快捷键,弹出"打开"对话框,打开素材"少女.psd",如图8-55所示。使用"移动工具"将素材图片拖曳至图像编辑窗口,按"Ctrl+T"快捷键,调整素材图片的大小和位

置,效果如图8-56所示。

图8-53 复制并调整形状

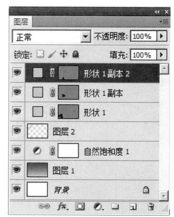

图8-54 "图层"调板

图8-55 素材图片"少女"

图8-56 合成素材图片

⑩新建"图层3",选择"自定形状工具" 🐾,在工具选项栏中单击"填充像素"按钮 □,在"自定图案"面板中选择"蝴蝶"图案,用鼠标在少女头上绘制蝴蝶图案,效果如图8-57所示。

⑪按"Ctrl+O"快捷键,弹出"打开"对话框,打开素材"点缀.psd",使用"移动工具" ▶⊕将素材图片拖曳至图像编辑窗口左上角,如图8-58所示。

图8-57 绘制蝴蝶图案

图8-58 添加"点缀"素材

## 任务2　输入文字方案

① 选择"横排文字工具" **T**，在工具选项栏设置"字体"为Adobe黑体，"大小"为60点，"颜色"为白色；在图像空白处单击，输入"VIP"，按"Ctrl+T"快捷键，调整大小和位置；执行"编辑"→"变换"→"斜切"命令，将文字向右倾斜，效果如图8-59所示。

② 选择"横排文字工具" **T**，在工具选项栏设置"字体"为隶书，"大小"为14点，"颜色"为白色，在图像右上角处单击，输入"紫薇国际美容中心"及拼音，效果如图8-60所示。

图8-59　输入并调整文字　　　　　　　　图8-60　输入另外的文字

③ 合并图层，保存文件为"VIP贵宾卡.psd"，最终效果如图8-34所示。

### 项目小结

　　本项目学习了利用自定形状工具绘制矢量图形的方法，在实际应用中，一定要区别形状、路径和填充像素的使用效果，以便在今后的绘图过程中灵活运用，制作出更加精美的作品。

### 知识拓展

#### 一、路径的调整及移动

**1.路径选择工具**

"路径选择工具"  可以用来选择一个或几个路径并对其进行移动、组合、排列、分布和变换，其选项栏如图8-61所示。

图8-61　"路径选择工具"选项栏

(1)运算按钮：这4个按钮依次用于设置多个路径间相加、相减、相交和反交。具体操作为：在工作区中选择两个或两个以上的路径，在选项栏中选择一种需要的计算方式

(即激活相应的按钮),然后单击 组合 按钮,即可完成对路径的修改。

(2)对齐命令:包括以下6个按钮,它们只有在同时选择两个以上的路径时才可用。

- 顶对齐按钮 :将选择的多个路径在垂直方向上以顶部对齐。
- 垂直居中对齐按钮 :将选择的多个路径在垂直方向上以中心对齐。
- 底对齐按钮 :将选择的多个路径在垂直方向上以底部对齐。
- 左对齐按钮 :将选择的多个路径在水平方向上以左边缘对齐。
- 水平居中对齐按钮 :将选择的多个路径在水平方向上以中心对齐。
- 右对齐按钮 :将选择的多个路径在水平方向上以右边缘对齐。

(3)分布命令:包括以下6个按钮,它们只有在同时选择3个以上的路径时才可用。

- 按顶分布按钮 :将选择的多个路径在垂直方向上以顶部等距离分布。
- 垂直居中分布按钮 :将选择的多个路径在垂直方向上以中心等距离分布。
- 按底分布按钮 :将选择的多个路径在垂直方向上以底部等距离分布。
- 按左分布按钮 :将选择的多个路径在水平方向上以左边等距离分布。
- 水平居中分布按钮 :将选择的多个路径在水平方向上以中心等距离分布。
- 按右分布按钮 :将选择的多个路径在水平方向上以右边等距离分布。

"路径选择工具"的使用方法是:

选取"路径选择工具" ,然后单击文件中的路径,当路径上的锚点全部显示为黑色时,表示该路径被选中。

当文件中有多个路径需要同时被选择时,可以按住键盘上的"Shift"键,然后依次单击要选择的路径,或用框选的形式选取所有需要选择的路径。

 贴心提示

　　按住键盘上的"Alt"键,再移动被选择的路径可以复制该路径。选择的路径可以拖曳至另一文件中,也可以复制它。

2.直接选择工具

"直接选择工具" 可以用来移动路径中的锚点或线段,也可以改变锚点的形态。该工具没有选项栏。

其使用方法是:拖曳平滑点两侧的方向点,可以改变其两侧曲线的形态。

按住"Alt"键并拖曳鼠标,可以同时调整平滑点两侧的方向点;按住"Ctrl"键并拖曳鼠标,可以改变平滑点一侧的方向;按住"Shift"键并拖曳鼠标,可以调整平滑点一侧的方向按45°的倍数跳跃。

按住键盘上的"Ctrl"键,可以将当前工具切换为"路径选择工具",然后拖曳鼠标,可以移动整个路径的位置。再次按键盘上的"Ctrl"键,可将"路径选择工具"转换为"直接选择工具"。

## 二、文字工具与路径

使用"文字工具" **T** 也可以创建路径。方法是先建立文本图层，然后执行"图层"→"文字"→"创建工作路径"命令，就可以在文本的边缘创建路径，路径中的锚点由系统自动生成。文字转换为路径后，可以对其进行形状编辑或填充，如图8-62所示。

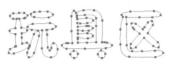 

图8-62　文字转换成路径后再编辑的效果

---

**单元小结**

本单元共完成 2 个项目，学完后应掌握以下知识：
◆ 了解路径的作用和构成。
◆ 掌握路径工具和形状工具绘制矢量图形的方法。
◆ 掌握路径调板的使用和路径的调整方法。
◆ 掌握路径与选区的转换方法。
◆ 了解文字路径和路径文字的制作方法。

**实训练习**

1.为提高职业院校学生的技能操作水平，全国每年都会举行不同专业的技能大赛。现为计算机网络专业设计网络技能大赛设计制作如图 8-63 所示的 Logo。

图8-63　网络技能大赛Logo

操作提示：使用"钢笔工具"绘制路径，转换为选区后填充不同颜色和描边，最后输入文本即可。

2.制作如图 8-64 所示霓虹灯效果。

操作提示：以黑色背景，创建名为"霓虹灯"的新文件。首先使用"钢笔工具"绘制一条谱线，并复制出另外几条，用蓝色描边路径；用"文字工具"输入文字"蓝色海岸线"，并做"扇形"变形。然后按下"Ctrl"键，单击"图层"调板中"蓝色海岸线"层的缩览图，选择文字轮廓区域，并删除文字。在"路径"调板中将"蓝色海岸线"文字区域转换成路径并适当描边，再用渐变色填充。其他文字因不用"变形"，可用"横排文字蒙版"工具直接输入文字。音乐符号和电话可用"自定形状工具"直接绘制。打开素材文件"吉他"，选择吉他区域，移至"霓虹灯"文件中，转换成路径并适当描边，再用渐变色填充。

图8-64  霓虹灯效果图

# 第 9 单元
## 文 字 的 应 用

本单元主要介绍文字工具的使用和文字的分类,以及字符调板和段落调板的用法,掌握文字属性的设置和变形文字、文字图层及文字蒙版的使用。

本单元将按以下 2 个项目进行:

项目 1　制作个性名片。

项目 2　制作精美台历。

---

## 项目 1
### 制作个性名片

微视频:
制作个性名片

 项目描述

名片具有很强的识别性,名片设计需要文字简明扼要、字体层次分明、信息传递明确、风格新颖独特。因此,个性名片也是现代生活交际不可缺少的一个环节。现为六叶草文化传媒公司的工作人员设计名片,参考效果如图9-1所示。

 项目分析

首先,使用"圆角矩形工具"和"转换点工具"制作名片外形,然后添加名片元素完成名片背景的制作,最后利用"横排文字工具"输入文字方案。本项目可分解为以下任务:

● 制作名片外形。

● 添加名片元素。

● 输入文字。

图9-1　个性名片效果

项目目标

● 掌握文字工具的使用。

● 掌握字符调板的使用。

**知识卡片**

### 一、文字工具

Photoshop中提供了两种不同的文字工具,单击工具箱中的"文字工具"按钮 **T** 右下角的三角形就可以看到它们,如图9-2所示,它们是"横排文字工具" **T** 和"直排文字工具" **↓T**。默认情况下,文字工具使用的是"横排文字工具"。

**1.横排文字工具**

"横排文字工具"可以创建横排文字。在画布中单击鼠标,就可以输入文字。当文字输入完后,单击"文字工具"选项栏右侧的"提交当前所有编辑"按钮 **✔** 完成操作,同时在"图层"调板中会产生一个"文字图层",如图9-3所示。

图9-2　两种文字工具

图9-3　文字图层

**2.直排文字工具**

"直排文字工具"可以创建竖排文字,使用方法同"横排文字工具"。

### 二、文字工具的选项栏

单击工具箱中的"横排文字工具"按钮 **T**,图像窗口上方会出现"横排文字工具"的选项栏,如图9-4所示。

图9-4　"文字工具"选项栏

选项栏中各选项属性如下:

● "更改文本方向"按钮 **↓T**:是横排文字与直排文字的转换按钮。

● "设置字体系列"按钮 **仿宋** :设置文字的字体。

● "设置字体样式"按钮 **-** ,包括Regular(标准)、Italic(倾斜)、Bold(加粗)、Bold Italic(加粗并倾斜)四种样式。

● "设置字体大小"按钮 **10点** :设置文字的大小,数字值越大,字越大。

- "设置消除锯齿的方法"按钮 锐利 ：设置消除文字锯齿的方式，有无、锐利、犀利、平滑、浑厚五种选择方式。

- "对齐文本"按钮：文字的对齐方式，分别为左对齐、居中、右对齐。

- "设置文本颜色"按钮 ：用于设置文本的颜色。

- "创建文字变形"按钮 ：用于设置变形文字。

- "切换字符和段落面板"按钮 ：用于字符和段落调板的转换。

- "取消所有当前编辑"按钮 ：用于取消当前的编辑操作。

- "提交所有当前编辑"按钮 ：用于提交当前的编辑操作。

## 三、"字符"调板

用户通过"字符"调板，可以对文字的字体、大小、颜色等属性进行设置。执行"窗口"→"字符"命令，或单击文字工具选项栏上的"切换字符和段落面板"按钮 ，可以打开"字符"调板，如图9-5所示。

图9-5 "字符"调板

利用"字符"调板，可以对文字进行重新设置，下面就调板上的一些主要参数进行说明。

- 设置字体类型 华文隶书 ：单击此下拉列表框，可以选择不同的字体类型。

- 设置字体样式 - ：包括 Regular(标准)、Italic(倾斜)、Bold(加粗)、Bold Italic(加粗并倾斜)四种样式。

- 设置字体大小 18点 ：单击此下拉列表框，可以设置字体的大小。

- 设置字符颜色 颜色： ：单击此色块，可以设置字符的颜色。

- 设置文本行距 21.59点 ：用于调整字符行与行之间的距离，数值越大，行与行之间距离越宽。

- 设置字距(按点数) 190 ：调整字符与字符之间的距离，数值越大，两个字符间的距离越大。

- 设置字距(按比例) 60% ：按百分比调整两个字符间的距离。

- 设置文本的垂直缩放 100% ：可以设定被选定字符在垂直方向上的缩放比例。

- 设置文本的水平缩放 80% ：可以设定被选定字符在水平方向上的缩放比例。

- 设置字符的基线偏移 0点 ：通过此项可以使选择的字符进行相对于原来位置的上下偏移。

- 设置字体的效果 T T TT Tr T¹ T₁ T T ：单击对应按钮，可分别对字符进行加粗、倾斜、全部大写(适用于英文字符)、全部小型大写(适用于英文字符)、上标、下标、下划线、删除线等设置。

### 四、"段落"调板

在 Photoshop 中，"段落"指的是末尾带有回车的任何范围的文字，如果要对段落的属性进行设置，就要使用"段落"调板。执行"窗口"→"段落"命令，或单击文字工具选项栏上的"切换字符段落面板"按钮![按钮]，选择"段落"选项卡，可以打开"段落"调板，如图9-6所示。

"段落"调板上的各按钮功能如下：

图9-6 "段落"调板

- "横排段落文字对齐方式"按钮![对齐按钮]：分别是 "左对齐""水平居中对齐""右对齐""最后一行左对齐""最后一行居中对齐""最后一行右对齐""全部水平对齐"。如果段落为竖排文字，则对应的按钮变为 "竖排段落文字对齐方"![按钮]，分别表示 "上对齐""垂直居中对齐""下对齐""最后一行顶对齐""最后一行居中对齐""最后一行底对齐""全部垂直对齐"。

- "左缩进"按钮![按钮]：段落左端缩进，对于垂直文字，该按钮控制从段落顶端缩进。

- "右缩进"按钮![按钮]：段落右端缩进，对于垂直文字，该按钮控制从段落底部缩进。

- "首行缩进"按钮![按钮]：缩进段落文字的首行。

- "段前添加空格"按钮![按钮]：设置段落前的间距。

- "段后添加空格"按钮![按钮]：设置段落后的间距。

### 五、文字图层

在 Photoshop 中单击"横排文字工具"![T]，在画布中输入文字，即可创建一个文字图层。与"普通图层"相比，"文字图层"具有以下特点。

(1)"文字图层"含有文字的内容和格式，并且对其还可以修改和编辑，"文字图层"的缩览图中有一个"T"符号。

(2)Photoshop 将会用当前输入的文字内容作为"文字图层"的名称。

(3)在"文字图层"上不能直接使用 Photoshop 的绘画和修饰工具绘制和编辑图像。

(4)"文字图层"可以对文字进行多种变形。

(5)"文字图层"可以直接应用"图层样式"，实现文字的 "投影""外发光""内发光""斜面和浮雕""图案叠加""光泽效果" 等艺术效果。如图 9-7 所示，即为应用了"图层样式"得到的文字艺术效果。

图9-7 应用图层样式的文字图层效果

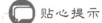 贴心提示

对于文字图层，可以通过执行"编辑"→"变换"子菜单中的命令对文字进行"旋转""缩放"和"斜切"等操作，但是不能进行"扭曲"和"透视"变换。

## 六、变形文字

在 Photoshop 中,可以对"文字图层"进行变形处理,使文字产生各种不同的变形效果。具体操作方法是:选中需要变形的文字,单击工具选项栏上的"创建文字变形"按钮 ，即可打开如图 9-8 所示"变形文字"对话框。在"样式"下拉列表框中共有 15 种变形方式可供选择, 每种变形方式都分为水平、垂直两个方向的变形,每个方向变形均可设置三个参数:弯曲、水平扭曲和垂直扭曲。

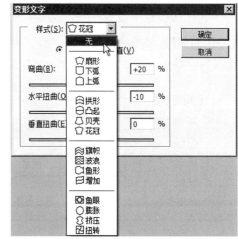

图9-8　"变形文字"对话框

在"变形文字"对话框中,各参数说明如下:

● "水平"或"垂直"单选框:设置弯曲变形的中心轴为水平方向或垂直方向。

● "弯曲"选项:设置"文字图层"弯曲的程度,数值越大,弯曲效果就越明显。

● "水平扭曲"选项:设置"文字图层"在水平方向上产生扭曲变形的强弱。

● "垂直扭曲":设置"文字图层"在垂直方向上产生扭曲变形的强弱。

适当地运用"文字图层"的变形功能,可以创建很多绚丽多彩的效果。

---

## 项目制作

### 任务1　制作名片外形

①执行"文件"→"新建"命令,打开"新建"对话框,输入名称"名片",设定"大小"为 9.5 厘米×6 厘米,"分辨率"为 150 像素/英寸,"颜色模式"为 RGB 颜色,"背景"为背景色,如图 9-9 所示。

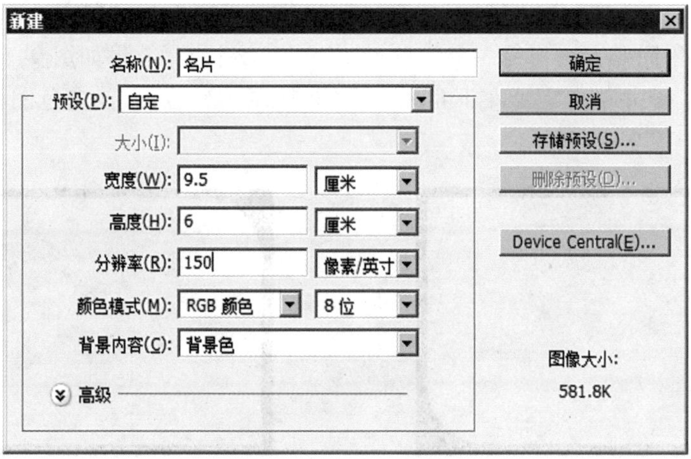

图9-9　"新建"对话框

②单击"确定"按钮,选择"圆角矩形工具" ⬜ ,在工具选项栏中单击"形状图层"按钮 ⬜ ,再单击"几何选项"按钮 ▾ ,在弹出的"圆角矩形选项"面板中点选"固定大小"单选按钮,设置 W 为 9 厘米,H 为 5.5 厘米,如图 9-10 所示。

③在选项栏中设置"半径"为 80 像素,将鼠标指针移至图像左上角位置,单击鼠标即可绘制一个指定大小的圆角矩形,生成"形状 1"图层。使用"移动工具" ▶✛ ,将圆角矩形移至图像编辑窗口中心位置,效果如图 9-11 所示。

图9-10　"圆角矩形选项"面板

图9-11　绘制圆角矩形

④选择"转换点工具" ⌐ ,将鼠标指针移至圆角矩形右上角的锚点上单击,将一个平滑点转换为尖突锚点。用同样方法,将另一个锚点也转换为尖突锚点,效果如图 9-12 所示。

⑤按住"Ctrl"键并单击右上角的一个锚点,调整其位置,使白色图像的右上角呈现直角形状,效果如图 9-13 所示。

图9-12　转换为尖突锚点

图9-13　直角形状

⑥选择"转换点工具" ⌐ ,将鼠标指针移至圆角矩形左下角的锚点上单击,将平滑点转换为尖突锚点。用同样方法将另一个锚点也转换为尖突锚点,效果如图 9-14 所示。

⑦按住"Ctrl"键并单击矩形左下角的一个锚点,调整其位置,使白色图像的左下角呈现直角形状,效果如图 9-15 所示。

图9-14　转换为尖突锚点

图9-15　直角形状

## 任务2 添加名片元素

①执行"文件"→"置入"命令,打开"置入"对话框,选择需要置入的文件"路径花.png",如图9-16 所示。单击"置入"按钮,将所选文件置于图像编辑窗口中,如图9-17 所示。

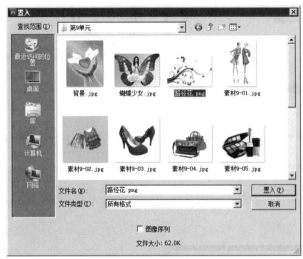

图9-16 "置入"对话框

图9-17 置入图像

💬 贴心提示

置入命令主要用于将矢量图像文件转换为位图图像文件。另外,此命令也可以置入 EPS、AI、PDP 和 PDF 等格式的图像文件。在 Photoshop 中置入一个图像文件后,系统将自动创建一个新的智能对象图层。

②将鼠标指针移至图像编辑窗口中,单击鼠标右键,在弹出的快捷菜单中选择"垂直翻转"命令,效果如图 9-18 所示。

③根据需要,调整置入图像的大小、位置和旋转角度,效果如图 9-19 所示。

图9-18　垂直翻转

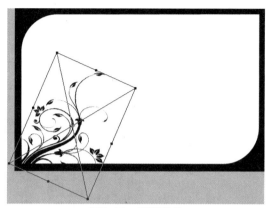

图9-19　调整效果

④将鼠标指针指向图像编辑窗口,单击鼠标右键,在弹出的快捷菜单中选择"置入"命令,即可将图像置入并确认其变换效果,如图9-20所示。

⑤在"图层"调板中,将"路径花"图层作为当前图层,单击鼠标右键,在弹出的快捷菜单中选择"栅格化图层"命令,将该矢量图层转换为普通图层,锁定该图层的透明像素,如图9-21所示。

图9-20　置入调整的图像

图9-21　"图层"调板

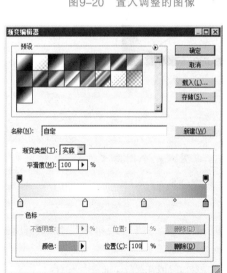

图9-22　"渐变编辑器"对话框

⑥选择"渐变工具" ▣,单击工具选项栏的"线性渐变"按钮 ▣,再单击"点按可编辑渐变"按钮 ▣,打开"渐变编辑器",分别设置颜色依次为 RGB (244,250,23)、RGB(253,249,198)、RGB(218,247,60)和 RGB(121,184,0),如图 9-22 所示。

⑦单击"确定"按钮,使用"渐变工具"由右上向左下画一条直线,线性填充置入的图像,效果如图 9-23 所示。

⑧执行"图层"→"创建剪贴蒙版"命令,为图像创建剪贴蒙版,效果如图 9-24 所示。

图9-23 线性填充图像 图9-24 剪贴蒙版效果

💬 贴心提示

打开的图像一般为普通图层,而置入的图像则为矢量图层,在 Photoshop 中一般无法对矢量图像进行编辑,因此,需要将矢量图层栅格化后转换成普通图层,才能对图像进行相应的编辑操作。

⑨执行"文件"→"打开"命令,弹出"打开"对话框,将"企业 Logo"文件打开,如图 9-25 所示。

⑩使用"移动工具" ▶✛,将打开的素材图片拖曳至图像编辑窗口中,按"Ctrl+T"快捷键调整图片的大小和位置,效果如图 9-26 所示。

图9-25 企业Logo素材

图9-26 调整图像大小和位置

## 任务 3 输入文字方案

①选择"横排文字工具" **T**,在工具选项栏中单击"切换字符或段落面板"按钮 ▤,打开"字符"面板,设置文字的各参数,如图 9-27 所示。在图像编辑窗口适当的位置单击鼠标确认插入点,输入"章越",按"Ctrl+Enter"组合键确认输入,效果如图 9-28 所示。

图9-27 "字符"面板

②同样方法,使用"横排文字工具" T,在"字符"面板中设置文字的各属性,然后在图像编辑窗口适当的位置输入其他文字,最后效果如图 9-29 所示。

图9-28　输入文字

图9-29　文字最终效果

③合并图层,按"Ctrl+S"快捷键,保存文件为"个性名片.psd",最终效果如图 9-1 所示。

**项目小结**

　　本项目学习名片的制作方法。名片中最重要的就是文字,本项目学习了横排文字工具的使用,以及如何在字符面板中设置文字的属性。使用路径和形状工具可以制作个性化很强的作品,希望读者在今后的绘图过程中灵活运用。

**项目 2
制作精美台历**

微视频:
精美台历

 项目描述

　　台历指放在桌面上的日历,有桌面台历和电子台历之分。现在人们都喜欢用自己喜爱的图片和日期排列格式制作成精美的台历。本项目利用路径文字设计一款精美台历,参考效果如图 9-30 所示。

项目分析

　　首先收集背景图片,然后绘制路径,以点文本形式输入某个月的所有日期(这里

图9-30　精美台历效果

以 2017 年 5 月为例），制作路径文字并添加文字效果。本项目可分解为以下任务：

- 制作台历背景。
- 输入日期。
- 完善台历文字。

 项目目标

- 掌握文字工具的使用。
- 掌握路径文字的制作。

📖 知识卡片

### 一、路径文字

路径文字是指创建在路径上的文字，即沿路径绕排的文字，这种文字会沿着路径排列，而且在改变路径形状时，文字的排列方式也会随之变化。通常，路径文字都是矢量软件才具有的功能，自从在 Photoshop 中增加了路径文字的功能以后，文字的处理方式变得更加灵活了。

#### 1.输入路径文字

使用路径文字功能，可以将文字输入在路径上，该路径既可以是开放的，也可以是闭合的。路径文字的制作方法很简单，在绘制好路径后，当光标变换为形状时单击鼠标，然后输入文字即可。如图 9-31 所示为文字沿着开放路径方向排列或在闭合路径内部自动排列。

图9-31　文字与路径的排列方式

#### 2.在路径上移动或翻转文字

可以随意移动或者翻转在路径上排列的文字，其方法如下。

选择"直接选择工具" ▷ 或者"路径选择工具" ▶，将工具放置在路径文字上，直至鼠标指针转换为形状 ‡，拖动文字即可改变文字相对于路径的位置，如图 9-32 所示。

图9-32　移动或翻转文字

**3.更改路径文字的属性**

当文字已经绕排于路径后,仍然可以修改文字的各种属性,包括字体、字号、水平或者垂直排列方式等,其方法如下。

选择"文字工具",选中沿路径绕排的文字,在"字符"调板中修改相应的参数即可,如图9-33所示为修改字体的效果。

图9-33　修改文字字体

除此之外,还可以通过修改路径文字的曲率、调整锚点的位置等来修改路径的形状,从而影响文字的绕排效果。

**二、栅格化文字**

文字图层不能直接使用滤镜命令。如果需要在文字图层上绘制图像或运用滤镜命令,则必须先栅格化文字,将文字图层转化为普通图层,即将文字转换为图像。

转化的方法是:激活文字图层,执行"图层"→"栅格化"→"图层"命令,或者执行"图层"→"栅格化"→"文字"命令。图9-34是"文字图层"栅格化前后在"图层"调板中的变化。

图9-34　"文字图层"转化为"普通图层"的前后对比

## 📁 项目制作

*任务1　制作台历背景*

①执行"文件"→"打开"命令,弹出"打开"对话框,打开素材图片"背景.jpg",如图9-35所示。

②执行"图像"→"画布大小"命令,弹出"画笔大小"对话框,设置如图9-36所示的参数,单击"确定"按钮,效果如图9-37所示。

③复制"背景"图层得到"背景 副本"图层，设置该图层混合模式为"叠加"，效果如图 9-38 所示。

图9-35　素材图片

图9-36　"画布大小"对话框

图9-37　画布效果

图9-38　混合模式效果

## 任务 2　输入日期

①新建"图层 1"，选择"钢笔工具" ，在工具选项栏中单击"路径"按钮 ，在图像窗口绘制如图 9-39 所示的路径。

②执行"编辑"→"自由变换路径"命令，调出变换框，旋转路径适当角度并调整大小和位置，单击工具选项栏中的"进行变换"按钮 ，效果如图 9-40 所示。

③选择"横排文字工具" ，在工具选项栏设置"字体"为幼圆，"大小"为 30 点，

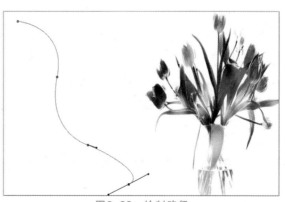

图9-39　绘制路径

"颜色"为黑色。将鼠标移至路径上端,当光标形状变为状时单击鼠标左键进行定位并输入某个月的日期,如图 9-41 所示。

图9-40　编辑路径

图9-41　输入日期

图9-42　编辑日期

④选择"横排文字工具" **T**,将日期中星期六和星期日的日期改为红色。执行"窗口"→"路径"命令,打开"路径"调板,选择"工作路径",单击"路径"调板下方的"删除"按钮 ,删除工作路径,效果如图 9-42 所示。

⑤选择文字图层,单击"图层"调板下方的"添加图层样式"按钮 **fx**,在弹出的菜单中选择"投影"命令,打开"图层样式"对话框,进行如图 9-43 所示参数设置,然后单击"确定"按钮,则效果如图 9-44 所示。

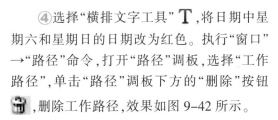

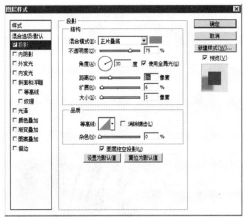

图9-43　"图层样式"对话框

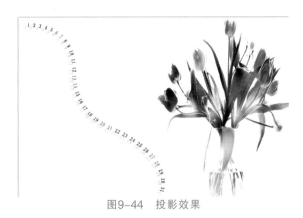

图9-44　投影效果

## 任务3　完善台历文字

①鼠标指向日期图层,单击鼠标右键,在弹出的快捷菜单中选择"栅格化文字"命令,将

文字转换为图形,新建"图层 1"。选择"横排文字工具" T,在图像编辑窗口上方输入"2017",在"字符"面板中设置如图 9–45 所示的参数,则效果如图 9–46 所示。

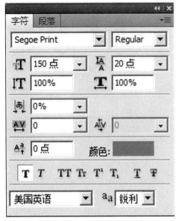

图9–45　"字符"面板

图9–46　文字效果

②新建"图层 1",选择"横排文字工具" T,在图像编辑窗口"2017"下方输入"丁酉年【鸡年】",在其下一行输入"5 月"和"乙巳月",在"字符"面板中设置如图 9–47 所示的参数,则效果如图 9–48 所示。

图9–47　"字符"面板

图9–48　输入文字

③选择所有文字图层,按"Ctrl+E"快捷键,合并文字图层,设置图层样式为"外发光",则效果如图 9–49 所示。

④执行"文件"→"打开"命令,弹出"打开"对话框,打开素材图片"属相鸡.jpg"。选择"移动工具" ,将素材图片移至图像编辑窗口左下角,按"Ctrl+T"快捷键,调整大小和位置,则效果如图 9–50 所示。

⑤执行"文件"→"存储为"命令,打开"存储为"对话框,将文档另存为"精美台历.psd",单击"保存"按钮保存文件。

图9-50　添加图片

图9-49　外发光效果

**项目小结**

　　路径文字是指创建在路径上的文字,这种文字会沿着路径排列,而且在改变路径形状时,文字的排列方式也会随之变化。自从在 Photoshop 中增加了路径文字的功能以后,文字的处理方式变得更加灵活了。

**知识拓展**

一、文字蒙版工具

　　Photoshop 中提供了两种不同的文字蒙版工具,它们是"横排文字蒙版工具"  和"直排文字蒙板工具" 。单击工具箱中的"横排文字工具" **T** 右下三角就可以看到它们,如图 9-51 所示。

　　1.横排文字蒙版工具

　　该工具可以使文字产生横向蒙版效果,即产生一个文字选区。

图9-51　两种文字蒙版工具

　　建立的方法是:选择"横排文字蒙板工具",在工作区中单击鼠标,整个图像会被粉红色的蒙版覆盖,输入文字后,单击工具选项栏右侧的"提交所有当前编辑"按钮 ✔ ,会发现输入的文字变成选区,如图 9-52 所示。

　　该选区同普通选区操作类似,不同的是创建的是文字形状的选区。

　　2.直排文字蒙板工具

　　该工具可以产生竖向文字形状的选区,使用方法与"横排文字蒙版工具"相同,只是文字的方向为竖向。

图9-52　"文字蒙版工具"产生的文字选区

二、转换文字图层

　　在 Photoshop 中,创建文字图层以后可以将文字转换成普通图层进行编辑,也可以将文字图层转换成形状图层或者生成路径。对转换过后的文字图层可以像普通图层那样进行移动、重新排放、复制,还可以设置各种滤镜效果。

1.文字图层转换为普通图层

在 Photoshop 中,若要编辑文字图层,可通过执行"图层"→"栅格化"→"文字"命令,将其转换为普通的像素图层。

如图 9-53 所示为文字图层对应的"图层"调板,而如图 9-54 所示为将文字图层转换为普通图层后的"图层"调板。此时,图层上的文字就完全变成了像素信息,不能再进行文字编辑操作,但对其可以执行所有图像可执行的命令。

图9-53 文字图层

图9-54 普通图层

2.文字图层转换为形状图层

执行"图层"→"文字"→"转换为形状"命令,可以看到将文字转换为与其路径轮廓相同的形状,相应的文字图层也转换为与文字路径轮廓相同的形状图层,如图 9-55 所示。文字转换效果如图 9-56 所示。

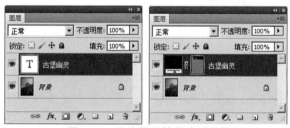

图9-55 文字图层转换为形状图层

图9-56 文字转换为形状

3.生成路径

执行"图层"→"文字"→"创建工作路径"命令,可以看到文字上有路径显示,在"路径"调板中可以看到由文字图层得到与文字外形相同的工作路径,如图 9-57 所示。

图9-57 工作路径及效果

单元小结

本单元共完成 2 个项目,完成后应掌握以下知识和技能:
◆ 掌握文字工具及文字蒙版工具的使用。
◆ 掌握变形文字的设置。
◆ 掌握文字图层栅格化及图层样式的设置。
◆ 掌握"字符"调板和"段落"调板的使用。

实训
练习

1.制作美食节海报,效果如图 9—58 所示。

图9-58    美食节海报效果

操作提示:

(1)制作文字背景。填充浅橙色,执行"滤镜"→"纹理"→"纹理化"命令,利用减选区运算,分别绘制矩形选区和椭圆选区,得到如图 9—59 所示的选区。反选并删除选区的纹理。

(2)然后导入素材并调整到合适的大小和位置,如图 9—60 所示。最后输入文字并进行编辑,得到如图 9—58 所示的效果。

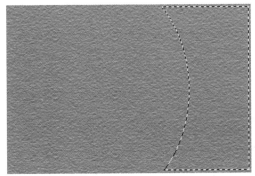

图9-59    绘制选区

图9-60    导入素材

2.制作精美台历,放在书桌上,时刻提示我们光阴似箭,要珍惜每一天,让生命充满阳光。参考效果如图 9-61 所示。

操作提示:

(1)新建一个宽、高、分辨率分别为 23 厘米、13 厘米、72 像素/英寸的文件,打开素材图片"薰衣草.jpg";用"椭圆选框工具",设置适当的羽化值,选择素材图像,移动到画布内。

(2)输入文字"2017、5 月 MAY、日一二三四五六",字体均设为"华文彩云",大小适当,再输入文字"1、2、3~31",参数设置如图 9-62 所示,以及输入文字"紫薇图片社"、地址、电话,字体均为隶书,大小适当。将文字"紫薇图片社"变形为花冠。

(3)执行"图层"→"栅格化"→"文字"命令,将文字"紫薇图片社"栅格化,填充渐变,最终效果如图 9-61 所示。

图9-61　"台历"效果

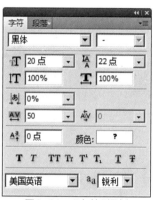

图9-62　"字符"调板

# 第 **10** 单元
## 通道和 3D 图像

本单元首先了解通道的作用及分类,认识通道与选区之间的关系,掌握通道的操作以及利用通道制作精确选区的方法;其次,了解 3D 对象的概念,学会使用"对象旋转工具"和"相机旋转工具",掌握创建 3D 对象的方法和编辑纹理的方法。

本单元将按以下 2 个项目进行:

项目 1　婚纱抠图。

项目 2　制作多彩礼帽。

---

## 项目 1
## 婚 纱 抠 图

微视频:
婚纱抠图

 项目描述

　　森林里飞出了天使,就像梦幻般的童话……使用通道不仅可以抠出图像来,而且还能将半透明效果的图像或细毛发等抠出。譬如婚纱,通道就能很好地将那种半透明的朦朦胧胧的质感表现出来,试一试吧! 效果如图10-1所示。

图10-1　婚纱抠图效果

 项目分析

　　首先,选取新娘图片的通道信息,利用通道技术将"新娘"从背景中分离出来;然后将通道作为选区载入;最后将"新娘"与背景图片进行图像合成。本项目可分解为以下任务:

- 选取合适的通道信息将人物与背景分离。
- 将通道作为选区载入并进行图像合成。

项目目标
- 掌握通道的操作。
- 掌握通道调板的使用。
- 了解通道与选区的关系。
- 掌握利用通道精确抠图的方法。

知识卡片

## 一、通道概述

通道是存储不同类型信息的灰度图像。Photoshop将图像的原色数据信息分开保存,人们把保存这些原色信息的数据带称为"颜色通道",简称为通道。通道既可存放图像的颜色信息,还可以存放用户定义的选区信息,从而使用户可以用较为复杂的方式操作图像中特定的部分。

当一个新图像被打开时,Photoshop就会自动创建一组颜色信息通道,通道的数目和图像本身的色彩模式相关,对于不同模式的图像,其通道的数量是不一样的。在Photoshop中,对于一个RGB图像,有RGB、R、G、B四个通道,如图10-2所示;对于一个CMYK图像,有CMYK、C、M、Y、K五个通道,如图10-3所示;而对于一个Lab模式的图像,有Lab、L、a、b四个通道。在默认情况下,通道调板中的所有通道都是以灰度显示。

图10-2　RGB模式通道

图10-3　CMYK模式通道

## 二、通道的分类

通道分为复合通道、颜色通道、Alpha通道和专色通道,经常使用的是Alpha通道。

### 1.复合通道

复合通道不包含任何信息,事实上它只是同时预览并编辑所有颜色通道的一个快捷方式,通常被用来在单独编辑完一个或多个颜色通道后使通道面板返回到它的默认状态。通常情况下,每个颜色模式下的图像都有一个用于编辑图像的复合通道。例如,RGB图像有四个通道,其中三个颜色通道,一个复合通道;而CMYK图像则有五个通道,四个颜色通道和一个复合通道。

**2.颜色通道**

颜色通道是在打开新图像时自动创建的。图像的颜色模式决定了所创建的颜色通道的数量，即图像的每种颜色都有一个颜色通道。例如，RGB图像有R、G、B三个颜色通道；CMYK图像有C、M、Y、K四个颜色通道；而灰度图像只有一个颜色通道，里面包含了所有将被打印或显示的颜色。

**3.Alpha通道**

Alpha通道是计算机图形学中的术语，指的是特别通道。Alpha通道将选区存储为灰度图像，因此常常用于保存选取范围，而且不会影响图像的显示和印刷效果。另外，也可以添加Alpha通道来创建和存储蒙版，这些蒙版用于处理或保护图像的某些部分。

**4.专色通道**

专色通道指定用于专色油墨印刷的附加印版。

 贴心提示

　一个图像最多可有56个通道。通道所需的文件大小由通道中的像素信息决定。某些文件格式(包括TIFF和PSD格式)将压缩通道信息用以节约存储空间。只要以支持图像颜色模式的格式存储文件，即会保留颜色通道。只有当以PSD、PDF、PICT、TIFF、Pixar、Raw格式存储文件时，才保留Alpha通道，以其他格式存储文件可能会导致通道信息丢失。

## 三、通道的操作

**1.将通道作为选区载入**

当需要将通道的内容转换为选区时，可以进行载入操作。

(1)按下"Ctrl"键并单击需要载入的通道。

(2)在"通道"调板上单击"将通道作为选区载入"按钮○。

(3)执行"选择"→"载入选区"命令，打开"载入选区"对话框，如图10-4所示，选择所要载入的通道。

**2.将选区存储为通道**

(1)在"通道"调板上单击"将选区存储为通道"按钮□ 生成一个新的Alpha通道。

(2)执行"选择"→"存储选区"命令，打开"存储选区"对话框，如图10-5所示。如果不给这个新建的通道命名，那么会自动命名为Alpha1。

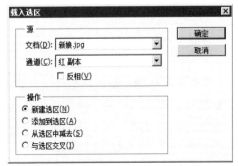

图10-4　"载入选区"对话框

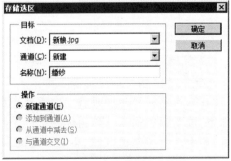

图10-5　"存储选区"对话框

3.新建通道

只能新建Alpha通道。执行"窗口"→"通道"命令，打开"通道"调板，在"通道"调板上单击"创建新通道"按钮　即可新建一个Alpha通道，如图10-6所示。

4.复制Alpha通道

在编辑通道之前，可以复制图像的通道以创建一个备份。另外，也可以将Alpha通道复制到新图像中以创建一个选区库，并将选区逐个载入当前图像以保持文件较小。

图10-6　新建Alpha 1通道

 贴心提示

如果要在图像之间复制 Alpha 通道，则通道必须具有相同的像素尺寸。

（1）在"通道"调板中拖动要复制的 Alpha 通道到"创建新通道"　按钮上即可复制一个 Alpha 通道的副本，如图 10-7 所示。

（2）打开（或新建）一个文件，激活要复制通道的图像，并在"通道"调板中拖动要复制的通道到打开（或新建）的文件上，当光标呈抓手状时松开鼠标左键，此时可将源文件中的 Alpha 通道复制到目标文件中，如图 10-8 所示。

图10-7　复制通道

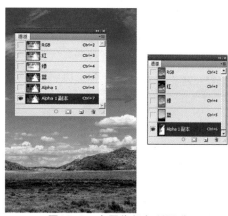

图10-8　在图像间复制通道

5.删除通道

当不再需要某通道时，可将其删除。在"通道"调板中，拖动要删除的通道到"删除当前通道"按钮　上即可删除该通道。

 项目制作

任务1　选取合适的通道信息将人物与背景分离

①打开素材图片"新娘.jpg"，如图 10-9 所示。

②执行"窗口"→"通道"命令,打开"通道"调板,可以发现在"通道"调板中共有 4 个通道,分别为 RGB 复合通道、红单色通道、绿单色通道、蓝单色通道,3 个单色通道的图像效果如图 10-10 所示。

图10-9　素材图片"新娘.jpg"　　　　　　　图10-10　红、绿、蓝三个单色通道的图像

③从上述图中可以看出,红通道中的图像亮度较高,人物与背景图案的对比度较大,因此复制红通道,"通道"调板如图 10-11 所示。

④以"红 副本"通道为当前通道,执行"图像"→"调整"→"反相"命令,再执行"图像"→"调整"→"色阶"命令,打开"色阶"对话框,设置如图 10-12 所示的参数,以提高对比度,加大反差,效果如图 10-13 所示。

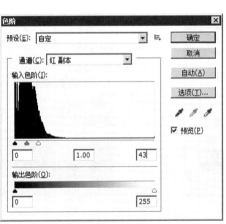

图10-11　"通道"调板　　　　图10-12　"色阶"对话框图　　　　图10-13　色阶效果

⑤用"钢笔工具"或"磁性套索工具"勾勒出整个人物的轮廓。这里选择"钢笔工具" ,在工具选项栏单击"路径"按钮 ,进行人物勾勒,效果如图 10-14 所示。

⑥在"路径"调板上单击下方的"将路径作为选区载入"按钮 ,将路径转换为选区,执行"选择"→"反向"命令,反向选择选区,填充黑色,按"Ctrl+D"组合键取消选区。

⑦在"通道"调板上单击下方的"将通道作为选区载入"按钮 ,将"红 副本"通道作为选区载入,效果如图 10-15 所示。

⑧回到"RGB"复合通道,拷贝选区内的图像,效果如图 10-16 所示。

图10-14　勾勒轮廓　　　　图10-15　载入"红副本"通道　　　　图10-16　拷贝图像

 贴心提示

在通道中,显示白色的区域为选择区域,黑色区域为非选择区域,因此要尽量调整为黑白分明的效果。

## 任务 2　将通道作为选区载入并进行图像合成

①打开素材图片"森林.jpg",将婚纱图像粘贴到这个文件中,如图 10-17 所示。此时图像的人物部分是半透明状态。

②返回到婚纱图像中,用"钢笔工具" 或"套索工具" 将人物的不透明部分选出,如图 10-18 所示。

图10-17　粘贴图像　　　　　　　　图10-18　抠出不透明部分

③执行"选择"→"修改"→"羽化"命令,打开"羽化选区"对话框,设置"羽化半径"为 2 个像素,如图 10-19 所示,单击"确定"按钮,将选区内容复制粘贴到背景图片中,与刚才的婚纱

图像重合,效果如图 10-20 所示。

图10-19    "羽化选区"对话框

图10-20    复制图像并重合

④按"Ctrl"键依次选中"图层 1"和"图层 2",单击"图层"调板下方的"链接图层"按钮,链接选中的图层,如图 10-21 所示。

⑤执行"编辑"→"自由变换"命令调整图像大小和位置,效果如图 10-22 所示。

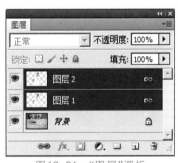

图10-21    "图层"调板

图10-22    调整图像位置和大小

⑥执行"文件"→"存储为"命令,在打开的"存储为"对话框中将图像文件保存为"婚纱抠图.psd"。

项目小结

　　通道是 Photoshop 处理图像的高级功能和生成众多特殊效果的基础。当需要对复杂图像进行抠图时,利用通道不失为一个好的方法,可以将通道转换为选区进行处理,因此,通道其实就是另一种图层,只是编辑方法与普通图层不同。

项目 2
制作多彩礼帽

微视频：
制作多彩礼帽

 项目描述

Photoshop CS5 添加了用于创建和编辑 3D 及基于动画内容的突破性工具，利用 Photoshop 所提供的 3D 功能可以很轻松地创建 3D 模型并编辑 3D 贴图，譬如制作多彩礼帽，不信？试一试吧！参考效果如图 10-23 所示。

 项目分析

首先，利用"帽形"命令创建 3D 礼帽形状，然后利用"3D（材质）"面板及"载入纹理"命令对 3D 形状进行贴图及编辑操作。本项目可分解为以下任务：

- 创建 3D 礼帽形状。
- 载入并编辑纹理。

 项目目标

- 掌握 3D 调板的使用。
- 掌握 3D 形状的创建。
- 掌握材质的选择方法。
- 掌握载入纹理的方法。

图10-23　多彩礼帽

 知识卡片

3D 功能一直是 Photoshop 软件中最大的一项革新功能，从 Photoshop CS3 新增 3D 功能到现在，已经经历了多次更新和升级，从功能上也日趋完善，能够完成一些常见的特效与立体效果制作工作。

使用 3D 功能可以很轻松地将 3D 模型引入到当前操作的 Photoshop 图像文件中，能将二维图像与三维图像有机地结合到一起，丰富画面。Photoshop CS5 支持多种 3D 文件格式，可以创建、合并、编辑 3D 对象的形状和材质。

一、认识3D图像

在 Photoshop CS5 中为实现 3D 功能，专门提供了 3D 菜单，它可以帮助用户创建 3D 文件、渲染图像、处理图像表面、使用 UV 材质、合并与输出。

使用 3D 功能可以实现从二维空间到三维空间的转换，制作出更加更精彩的效果，让图像的变化更加丰富。具体操作如下：

(1)打开如图 10-24 所示的素材图片,选择"横排文字工具"**T**,在图像编辑窗口中输入相应的文字,如图 10-25 所示。

图10-24  素材图片

图10-25  输入文字

(2)执行"3D"→"凸纹"→"文本图层"命令,弹出信息提示框,要求栅格化文本图层。单击"是"按钮,打开"凸纹"对话框,设置如图 10-26 所示参数。

(3)单击"确定"按钮,则输入的文字即可产生立体效果。选择"3D 对象旋转工具",向上和向左旋转图像,效果如图 10-27 所示。

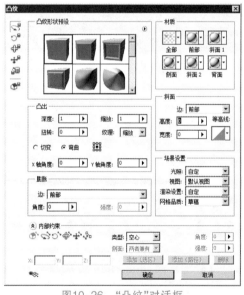

图10-26  "凸纹"对话框

图10-27  立体字效果

## 二、打开3D图像

执行"文件"→"打开"命令,在弹出的"打开"对话框中单击"文件类型"下三角,在弹出的列表中选择 Photoshop 所支持的 3D 文件格式,如图 10-28 所示。选中文件后单击"打开"按钮,即可打开 3D 图像,如图 10-29 所示。

图10-28　"打开"对话框

图10-29　3D图像

 贴心提示

在 Photoshop 中支持的三维模型文件格式有 3ds、.obj、.u3d、.kmz 和 .dae 五种。

## 三、使用3D工具

使用工具箱中的 3D 对象工具(如图 10-30 所示),可以完成对 3D 对象的移动、旋转、缩放等操作。使用 3D 相机工具(如图 10-31 所示),可以完成对场景视图的旋转、移动、缩放等操作。

图10-30　3D对象工具

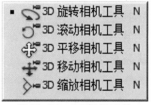

图10-31　3D相机工具

### 1.3D对象工具

可以利用 3D 对象工具来旋转、缩放模型或调整模型位置,当使用 3D 对象工具时,相机视图将保持固定。

3D 对象工具选项栏如图 10-32 所示。

图10-32　"3D对象工具"选项栏

- "旋转 3D 对象" ：上下拖动可将模型围绕其 $X$ 轴旋转,两侧拖动可将模型围绕其 $Y$ 轴旋转,按住"Alt"键的同时进行拖动可滚动模型。
- "滚动 3D 对象" ：两侧拖动可使模型绕 $Z$ 轴旋转。
- "拖动 3D 对象" ：两侧拖动可沿水平方向移动模型,上下拖动可沿垂直方向移动模型,按住"Alt"键的同时进行拖动可沿 $X/Z$ 轴方向移动。

- "滑动 3D 对象" ：两侧拖动可沿水平方向移动模型,上下拖动可将模型移近或移远,按住"Alt"键的同时进行拖动可沿 $X/Y$ 轴方向移动。

- "缩放 3D 对象" ：上下拖动可将模型放大或缩小,按住"Alt"键的同时进行拖动可沿 $Z$ 轴方向缩放。

2.3D 相机工具

可以利用 3D 相机工具来移动相机视图,同时保持 3D 对象的位置固定不变。

3D 相机工具选项栏如图 10-33 所示。

图10-33 "3D相机工具"选项栏

- "环绕移动 3D 相机" ：拖动以用来将相机沿 $X$ 轴或 $Y$ 轴方向环绕移动,按住"Alt"键的同时进行拖动可滚动相机。

- "滚动 3D 相机" ：拖动以滚动相机。

- "用 3D 相机拍摄全景" ：拖动以将相机沿 $X$ 轴或 $Y$ 轴方向平移,按住"Alt"键的同时进行拖动可沿 $X$ 轴或 $Z$ 轴方向平移。

- "与 3D 相机一起移动" ：拖动可步进相机($Z$ 轴转换和 $Y$ 轴旋转),按住"Alt"键的同时进行拖动可沿 $Z$ 轴/$X$ 轴方向步进($Z$ 轴平移和 $X$ 轴旋转)。

- "变焦 3D 相机" ：拖动以更改 3D 相机的视角,最大视角为 180° 透视相机(仅缩放)显示汇聚成消失点的平行线。

3.3D 轴的应用

执行"视图"→"显示"→"3D 轴"命令,可以显示 3D 轴,通过 3D 轴可以完成对 3D 图像的移动、缩放和旋转等操作。

(1)若要移动图像可以将光标放到坐标轴的锥尖上,然后按住鼠标左键向对应的方向拖动即可移动图像,如图 10-34 所示。

(2)若要旋转 3D 对象,可以将光标放到 3D 轴的锥尖下面弯曲线段上,此时将出现一个黄色的圆圈,按住鼠标左键拖动相应的位置,即可旋转图像,如图 10-35 所示。

图10-34 移动图像　　　　　　　　图10-35 旋转图像

(3)若要缩放 3D 对象,可以将光标放到 3D 轴最下端的白色方块上或旋转的弯曲线段下的方块上,这里"白的方块"是对图像整体缩放,而旋转的"弯曲线段"下的方块是根据该坐标轴的方向对图像进行缩放,如图 10-36 所示。

贴心提示

也可以使用 3D 轴功能来移动、旋转、缩放相机工具,其操作方法大致相同,唯一的区别是缩放相机工具只能沿着一个或两个方向对画面进行缩放,不能改变图像的比例。

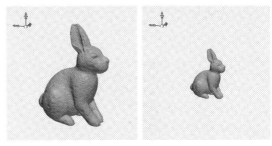

图10-36  缩放图像

## 四、创建3D文件

在 Photoshop 中可以直接利用创建文件的命令来创建 3D 文件,不需要将创建的模型先在其他三维软件中处理,然后再导入到 Photoshop 中。

### 1.从3D文件新建图层

在 3D 功能中,3D 图层不能直接进行创建,当执行"3D"→"从 3D 文件新建图层"命令后,若弹出的下拉菜单为灰色,如图 10-37 所示,表明该命令不能被正常使用,同时所有创建命令都不能正确执行。

执行"3D"→"从 3D 文件新建图层"命令,弹出"打开"对话框,打开某 3D 文件,系统将把 3D 文件作为图层来直接创建。该命令只能导入 3D 格式文件,其他文件格式均不支持,如图 10-38 所示。

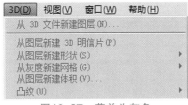

图10-37  菜单为灰色

图10-38  3D文件格式

### 2.从图层新建3D明信片

新建空白文件,执行"3D"→"从图层新建 3D 明信片"命令,可将原来的普通图层(背景图层)转换为 3D 图层模式,观察"图层"调板,会发现显示选项中增加了"纹理"和"漫射",并且这两个工具已经发生变化,如图 10-39 所示。

### 3.从图层新建形状

新建空白文件,执行"3D"→"从图层新建形状"命令,在其子菜单中可选择创建锥形、立方体、立方体环绕、圆柱体、圆环、帽形、金字塔、环形、易拉罐、球

图10-39  普通图层转换为3D图层

体、球面全景和酒瓶等 12 种图形,如图 10-40 所示。

### 4.从灰度新建网格

新建空白文件,执行"3D"→"从灰度新建网格"命令,在其子菜单中可选择创建平面、双面平面、圆柱体、球体等 4 种 3D 对象,如图 10-41 所示。

图10-40    可创建的3D形状          图10-41    可创建的3D对象

### 5.凸纹

在"凸纹"子菜单中一共包含文本图层、图层蒙版等 8 个命令,用来创建一些特殊的三维效果。

新建空白文件,输入文字,执行"3D"→"凸纹"→"文本图层"命令,弹出栅格化文字图层提示框,提醒用户进行凸纹处理前必须将文字图层栅格化。单击"是"按钮,打开"凸纹"对话框,在其中进行如图 10-42 所示的参数设置,单击"确定"按钮,则文本图层的 3D 效果如图 10-43 所示。

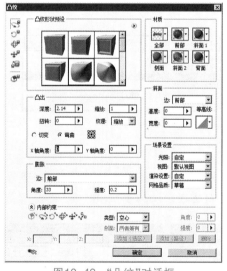

图10-42    "凸纹"对话框

图10-43    文本图层3D文字效果

## 五、3D调板

在使用 Photoshop 创建 3D 对象后,在"3D"调板中就会出现与之相关的选项,通过这些选项用户可以了解创建的 3D 对象是由哪些项目组成的,可通过这些项目来编辑和修改 3D

对象。

　　打开一个 3D 对象,如图 10-44 所示,执行"窗口"→"3D"命令,弹出如图 10-45 所示的"3D"调板。

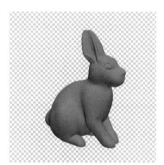

图10-44　打开的3D对象

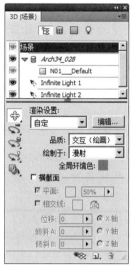

图10-45　"3D"调板

　　在 Photoshop 中,"3D"调板共有"3D 场景""3D 网格""3D 材质"和"3D 光源"四个模式,默认情况下,"3D"调板以 3D 场景模式显示,此时"滤镜:整个场景"按钮 ⊟ 被激活,调板中将显示选中的 3D 图层中每一个 3D 对象的网格、材质、光源等信息。

　　1.3D场景

　　Photoshop的 3D 场景可以用来设置 3D 对象的渲染模式,修改对象的纹理,如图 10-68 所示为"3D(场景)"调板。

　　(1)渲染设置:指定模型的渲染预设,共有如图 10-46 所示 16 种渲染预设供选择,如图 10-47 所以为各渲染预设的效果。

图10-46　渲染预设

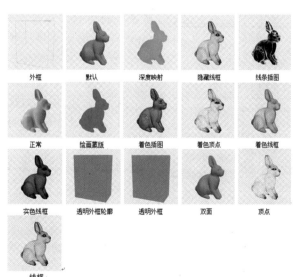

图10-47　渲染预设效果

(2)品质:用于保持优良性能的同时呈现最佳的效果。共有交互(绘画)、光线跟踪草图、光线跟踪最终效果 3 个选项供选择。

● 交互(绘画):使用 OpenGL 进行渲染时可以利用视频卡上的 GPU 产生高品质效果,但缺乏细节的反射和阴影,适合对 3D 对象渲染的编辑。

● 光线跟踪草图:使用计算机主板上的 CPU 进行渲染,具有草图品质的反射和阴影。

● 光线跟踪最终效果:完全渲染反射和阴影,适合于最终输出。

(3)绘制于:直接在 3D 模型上绘画时,从漫射、凹凸、光泽度、不透明度、反光度、自发光、反射中选择一种要在其上绘制的纹理映射。

(4)全局环境色:设置在反射表面上可见的全局环境光的颜色。该颜色与用于特定材质的环境颜色产生相互作用。

(5)横截面:勾选此复选框可以创建以所选角度与模型相交的平面横截面,这样可以切入模型内部,查看图像里面的内容。如图 10-48 为没有勾选"横截面"和勾选"横截面"的效果对比。

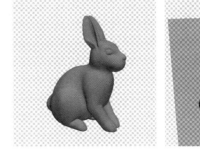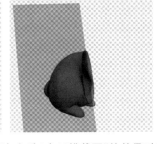

图10-48    未勾选(左)"横截面"与勾选(右)"横截面"的效果对比

### 2.3D 网格

在"3D"调板中单击"滤镜:网格"按钮,将调板切换至"3D(网格)"调板,如图 10-49 所示。

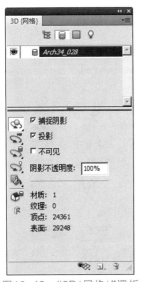

图10-49    "3D(网格)"调板

3D 模型中的每一个网格都出现在"3D"调板顶部的单独线条上,选择某一网格则可以访问其网格设置和调板底部的信息,包括应用于网格的材质和纹理数量,以及其中所包含的顶点和表面的数量。

● 捕捉阴影:控制选定网格是否在其表面上显示其他网格所产生的阴影。若想在网格上捕捉地面所产生的阴影,则执行"3D"→"地面阴影捕捉器"命令,若想将这些阴影与对象对齐,则执行"3D"→"将对象贴紧地面"命令。

● 投影:控制选定的网格是否投影到其他网格表面上。

● 不可见:隐藏网格,但显示其表面的所有阴影。

● 阴影不透明度:控制选定网格投影的柔和度,将 3D 对象与下面的图层混合时,该设置很有用。若想查看阴影,必须设置光源并为渲染品质选择光线跟踪。

单击"3D(网格)"调板顶部网格名称前面的眼睛图标可显示或隐藏网格,选择调板上的网格工具可以移动、旋转、缩放选定的网格。

### 3.3D 材质

在"3D"调板中单击"滤镜:材质"按钮,可将调板切换至"3D(材质)"调板,如图 10-50

所示。

在"3D(材质)"调板的顶部列出了在 3D 模型上当前使用
的材质，用户可以使用一种或多种材质来创建模型的整体外
观。如果模型包含多个网格，则每个网格都可能会有与之关联
的特定材质，或者模型可能是通过一个网格构建的，但在模型
的不同区域使用了不同的材质。

● 材质拾色器："3D"调板中会出现当前所需要使用的
3D 材质，用户也可以单击"材质拾色器"按钮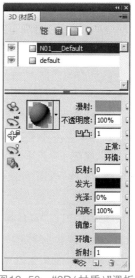，弹出如图
10-51 所示的"材质拾色器"面板来选择要使用的材质。如图
10-52 为各不同材质呈现的效果。

● 漫射：设置材质的颜色，漫射映射可以是实色或任意
2D 内容。如果选择移去漫射纹理映射，则"漫射"色板值会设
置漫射颜色，还可以通过直接在模型上绘画来创建漫射映射。

● 不透明度：增加或减少材质的不透明度。纹理映射的
灰度值控制材质的不透明度，白色值创建完全的不透明度，黑
色值创建完全的透明度。

图10-50 "3D(材质)"调板

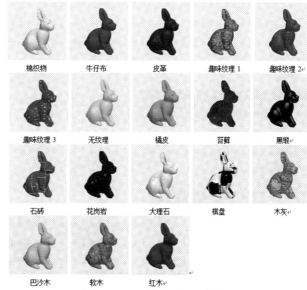

| 棉织物 | 牛仔布 | 皮革 | 趣味纹理 1 | 趣味纹理 2 |
| 趣味纹理 3 | 无纹理 | 橘皮 | 苔藓 | 黑缎 |
| 石砖 | 花岗岩 | 大理石 | 棋盘 | 木灰 |
| 巴沙木 | 软木 | 红木 | | |

图10-52 不同材质呈现的效果

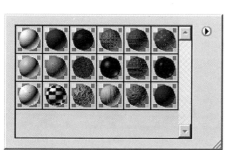

图10-51 "材质拾色器"面板

● 凹凸：在材质表面创建的凹凸，无须改变底层网格，凹凸映射是一种灰度图像，其中
较亮的值创建突出的表面区域，较暗的值创建平坦的表面区域。可以创建或载入凹凸映射文
件，或开始在模型上绘画以自动创建凹凸映射文件。

● 正常：像凹凸映射纹理一样，正常映射会增加表面细节，与基于单通道灰度图像的凹
凸纹理映射不同，正常映射基于多通道(RGB)图像，每个颜色通道的值代表模型表面上正常
映射的 $X$、$Y$ 和 $Z$ 分量，正常映射可用于使多边形网格的表面变平滑。

● 反射：增加 3D 场景、环境映射和材质表面上其他对象的反射。

- 光照:定义不依赖于光照即可显示的颜色,创建从内部照亮 3D 对象的效果。
- 光泽:定义来自光源的光线经表面反射,折回到人眼中的光线数量。可以通过在文本框中输入值来调整光泽度。如果创建单独的光泽度映射,则映射中的颜色强度控制材质中的光泽度。一般黑色区域创建完全的光泽度,白色区域移去所有光泽度,而中间值减少高光大小。
- 闪亮:定义"光泽"设置所产生的反射光的散射。低反光度产生更明显的光照,而焦点不足;高反光度产生较不明显、更亮、更耀眼的高光。
- 镜像:为镜面属性显示颜色。
- 环境:设置在反射表面上可见的环境光的颜色,该颜色与用于整个场景的全局环境色相互作用。
- 折射:在"3D(场景)"调板中将"品质"设置为光线跟踪草图,且在执行"3D"→"渲染设置"命令弹出的对话框中勾选了"折射"复选框时设置的折射率。两种折线率不同的介质相交时,光线方向发生改变即产生折射。

4.3D 光源

在"3D"调板中单击"滤镜:光源"按钮🔆,可将调板切换至"3D(光源)"调板,如图 10-53 所示。

在 Photoshop 中可以为 3D 对象设置光源,从而使 3D 对象呈现不同的视觉画面效果。

1)调整光源属性

- 预设:应用存储的光源组和设置组。如图 10-54 所示为 3D 对象添加不同预设灯光后所呈现的效果。

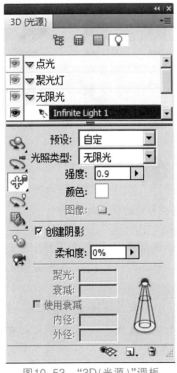

图 10-53　"3D(光源)"调板

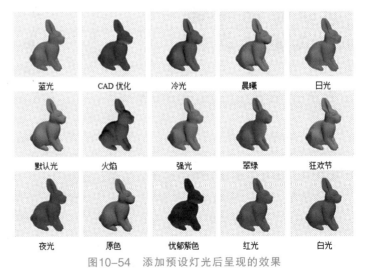

| 蓝光 | CAD 优化 | 冷光 | 晨曦 | 日光 |
| 默认光 | 火焰 | 强光 | 翠绿 | 狂欢节 |
| 夜光 | 原色 | 忧郁紫色 | 红光 | 白光 |

图 10-54　添加预设灯光后呈现的效果

- 光照类型：选择光源，有点光、无限光、聚光灯和基于图像 4 种光源。
- 强度：调整亮度。
- 颜色：定义光源的颜色，单击色块会打开拾色器。
- 图像：从前景表面到背景表面、从单一网格到其自身或从一个网格到另一个网格的投影，此选项可改善图像性能。
- 柔和度：模糊阴影边缘，产生逐渐的衰减。

对于点光源和聚光灯，可以设置以下附加选项。

- 聚光：设置光源明亮中心的宽度，仅限聚光灯。
- 衰减：设置光源的外部宽度，仅限聚光灯。
- 使用衰减：其下面"内径"和"外径"选项的值决定衰减锥形，以及光源强度随对象距离的增加而减弱的速度。对象接近内径限制时，光源强度最大，对象接近外径限制时，光源强度为零，处于中间距离时，光源从最大强度线性衰减为零。

另外，当将光标悬停在"聚光""衰减""内径"和"外径"选项上时，其右侧图标中的红色轮廓指示用户受影响的光源元素是哪些。

2)调整光源位置

在 Photoshop 中，每一个光源都可以被移动、旋转，要完成光源位置的调整操作，可以使用"3D"调板上的工具进行调整。

- "3D 光源旋转工具" ：用于旋转聚光灯和无限光。
- "3D 光源平移工具" ：用于将聚光灯或点光源移动至同一个 3D 平面中的其他位置。
- "3D 光源滑动工具" ：用于将聚光灯和点光源移远或移近。
- "位于原点处的点光" ：选择某一聚光灯后单击此按钮，可以使光源正对 3D 对象中心。
- "移至当前视图" ：选择某一光源后单击此按钮，可以将其置身于当前视图的中间。

3)编辑光源组

要想存储光源组供以后使用，只需将这些光源组存储为预设即可。要想包含其他项目中的预设，只需添加到现有光源或替换现有光源。

- 添加光源：对于现有光源，添加选择的光源预设。
- 替换光源：用选择的预设替换现有光源。
- 存储光源预设：将当前光源组存储为预设，这样可以重新载入。

## 六、创建和编辑3D对象的纹理

在 Photoshop 中，可以使用绘画工具和调整工具来编辑 3D 对象中包含的纹理，或创建新纹理。纹理作为 2D 文件与 3D 模型一起导入，它们会作为条目显示在"图层"调板中，嵌套于 3D 图层的下方，并按映射、凹凸、光泽度等映射类型编组，如图 10-55 所示。

### 1.编辑2D格式的纹理

方法是双击"图层"调板中的纹理或者在"3D(材质)"调板中，选择包含纹理的材质，在"3D(材质)"调板中，单击要编辑的纹理图标 ，在弹出的菜单中选择"打开纹理"命令，打开纹理,如图 10-56 所示。使用 Photoshop 中任意工具在纹理上绘画或编辑纹理,激活包含 3D 模型的窗口,可以看到应用于模型的已经修改的纹理。最后关闭纹理文件并保存更改。

  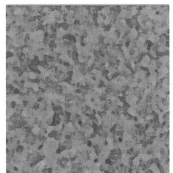 

图10-55　"图层"调板　　　　　　　　图10-56　纹理文件及"图层"调板

### 2.显示或隐藏纹理

单击"纹理"图层左侧的眼睛图标 ,用户可以显示或隐藏纹理以帮助识别应用了纹理的模型区域。单击顶层"纹理"图层左侧的眼睛图标,可以隐藏或显示所有纹理。如图 10-57 所示为显示纹理和隐藏纹理的效果对比。

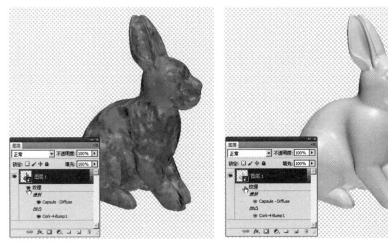

图10-57　显示(左)和隐藏(右)纹理效果对比

### 3.创建UV叠加

将 3D 模型上多种材质所使用的漫射纹理文件应用于模型上的不同表面的多个内容区域进行编组的过程叫作 UV 映射,它将 2D 纹理映射中的坐标与 3D 模型上特定的坐标相匹配。UV 映射使 2D 纹理正确地绘制在 3D 模型上。对于在 Photoshop 以外创建的 3D 内容,UV 映射发生在创建内容的程序中。同时,Photoshop 可以将 UC 叠加创建为参考线,以帮助用户直观地了解 2D 纹理映射如何与 3D 模型表面匹配。在编辑纹理时,UV 叠加可作为参考线。

双击"图层"调板中的纹理可以将其打开并编辑。打开纹理映射,执行"3D"→"创建 UV 叠加"命令,在其级联菜单中选择叠加选项即可创建不同的 UV 叠加。如图 10-58 所示为不同 UV 叠加后的效果。

 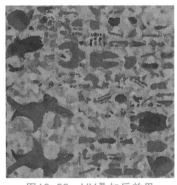 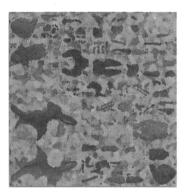

图10-58　UV叠加后效果

- 线框：显示 UV 映射的边缘数据。
- 着色：显示使用实色渲染模式的模型区域。
- 正常映射：显示转换为 RGB 值的几何常值，R=$X$,G=$Y$,B=$Z$。

UV 叠加作为附加图层添加到纹理文件的"图层"调板中，对其可以显示、隐藏、移动或删除。关闭并存储纹理文件时，或从纹理文件切换到关联的 3D 图层时，叠加会出现在模型表面。

4.重新参数化纹理映射

在 Photoshop 中打开 3D 对象时，可能会发现有的纹理没有正确映射到底层模型网格的 3D 模型上，或者效果差的纹理映射会在模型的表面上产生扭曲和变形。另外，当在模型上绘画时，效果差的纹理映射会造成不可预料的结果。针对上述情况，需要使用"重新参数化"命令将纹理重新映射到模型，以校正扭曲和变形并创建更有效的表面覆盖。

(1)执行"3D"→"重新参数化"命令，在弹出的如图 10-59 所示的警告对话框中单击"确定"按钮。

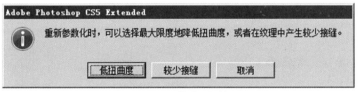

图10-59　警告对话框

(2)在打开的如图 10-60 所示的提示框中单击"低扭曲度"按钮或者"较少接缝"按钮以确定重新参数化纹理映射的方式。

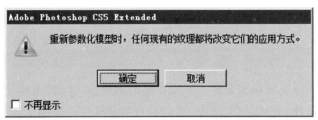

图10-60　提示对话框

## 📂 项目制作

### 任务1　创建 3D 礼帽形状

①执行"文件"→"新建"命令,打开"新建"对话框,设置如图 10-61 所示参数。

②单击"确定"按钮,新建一空白文档,再执行"3D"→"从图层新建形状"→"帽形"命令,新建如图 10-62 所示 3D 形状。

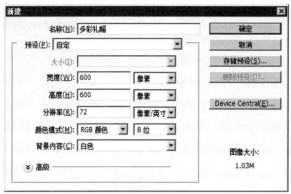

图10-61　"新建"对话框　　　　　　　　　　　　图10-62　帽子形状

💬 贴心提示

　　在 Photoshop 中必须先设定"启用 OpenGL 绘图"选项,才能更好地使用 3D 功能。OpenGL 是一种软件和硬件标准,可以在处理大型或复杂图像时加速视频处理过程。启动方法是:执行"编辑"→"首选项"→"性能"命令,在弹出的"首选项"对话框中勾选"启用 OpenGL 绘图"复选框即可。

### 任务2　载入并编辑纹理

①执行"窗口"→"3D"命令,打开"3D"调板,单击"滤镜材质"按钮▦,切换到"3D(材质)"调板,然后选择"帽子材质"选项,设置如图 10-63 所示参数。

②单击"编辑漫射纹理"按钮▯,在弹出的面板菜单中选择"载入纹理"命令,如图 10-64 所示。

③在弹出的"打开"对话框中选择需要载入的纹理文件,如图 10-65 所示。

💬 贴心提示

　　如果要为某一个纹理映射新建一个纹理映射贴图,可单击"编辑漫射纹理"按钮,在弹出的面板菜单中选择"新建纹理"命令,在弹出的对话框中设置相应的参数即可;如果要删除纹理映射贴图,可单击"编辑漫射纹理"按钮,在弹出的面板菜单中选择"移去纹理"命令即可。

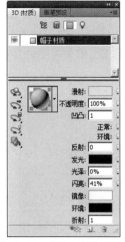

图10-63　"3D(材质)"面板　　图10-64　选择"载入纹理"命令　　图10-65　"打开"对话框

④单击"打开"按钮,即可载入所选纹理,此时图像编辑窗口的图像显示效果如图 10-66 所示。

⑤将鼠标指针拖曳至"图层"调板中的"纹理"上,可以显示贴图缩览图,如图 10-67 所示。

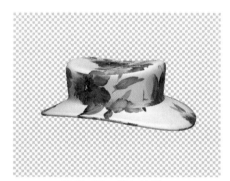

图10-66　载入纹理　　　　　　　图10-67　查看贴图

⑥将鼠标指针拖曳至贴图(纹理)左侧的指示可见性图标 上,单击鼠标左键,可以隐藏该贴图,效果如图 10-68 所示。

⑦再次单击贴图左侧空白处,即可显示该图标 ,此时该贴图又显示出来,效果如图 10-69 所示。

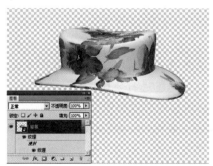

图10-68　隐藏贴图　　　　　　　图10-69　再次显示贴图

⑧设置前景色为白色，按"Alt+Delete"组合键，填充贴图，效果如图 10-70 所示。

⑨执行"文件"→"打开"命令，在弹出的"打开"对话框中打开素材图片"泡泡.jpg"，选择"移动工具" ，将制作好的帽子拖曳至"泡泡"图片上并调整好位置，效果如图 10-71 所示。

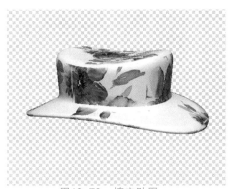

图10-70　填充贴图

图10-71　将帽子移至背景图片上

⑩合并图层，然后执行"文件"→"存储为"命令，打开"存储为"对话框，将制作好的文件以"多彩礼帽.psd"为文件名重新保存。

**项目小结**

　　本项目主要介绍了通过"帽形"命令创建 3D 形状，通过"3D(材质)"调板来设置相应的材质，以及应用"载入纹理"命令载入指定的纹理，从而得到所需的图像效果，最后介绍了纹理的编辑操作，以达到更理想的图像效果。

**知识拓展**

一、通道的编辑

　　对图像的编辑过程实质上就是对通道的编辑操作。因为通道是真正记录图像信息的地方，无论色彩的改变、选区的增减、渐变的产生，实际上都是通道的变化。通道可以看作其他工具的起源，它与其他很多工具(譬如选区、蒙版、调节工具等)有着千丝万缕的联系。

1.利用选区编辑通道

　　Photoshop 中的选区包括由套索和魔棒等选择工具产生的选区、字体遮罩以及由路径转换来的选区等，其中包括不同的羽化值设置，这些选区只需要执行"选择"→"载入选区"命令就可以转入通道进行处理。

2.利用绘图工具编辑通道

　　绘图工具包括喷枪、画笔、铅笔、图章、橡皮擦、渐变、油漆桶、模糊、锐化、涂抹、加深减淡以及海绵等工具。利用绘图工具编辑通道的优点是可以精确地控制笔触，既而得到更加柔和、足够复杂的边缘。

贴心提示

　　由于渐变工具是一种一次可以涂画多种颜色而且包含平滑过度的绘画工具。因此,对于通道特别有用,它可以带来平滑细腻的渐变。

　　3.利用滤镜编辑通道

　　在图像存在不同灰度的情况下对通道进行滤镜操作,通常会产生出乎意料的效果并能很好地控制图像边缘。譬如,可以锐化或者虚化边缘,从而建立更适合的选区。

　　4.利用调节工具编辑通道

　　调节工具指色阶和曲线。在使用这些工具调节图像时,在对话框上有一个通道选单可以用于编辑所要的颜色通道。当选中并调整通道时,按住"shift"键,再单击另一个通道,然后打开图像的复合通道,这样可以强制这些调节工具同时作用于一个通道。

　　在编辑通道时,可以通过建立调节图层来保护图像的最原始信息。

 贴心提示

　　单纯的通道操作是不可能对图像本身产生任何效果的,必须同其他工具(譬如选区和蒙版,其中蒙版是最重要的)相结合,才能知道制作的通道在图像中起到什么样的作用。

## 二、通道分离技术

　　对于只有背景层的图像文件,在"通道"调板的菜单中选取"分离通道"命令,可以将图像中的颜色通道、Alpha 通道和专色通道分离为多个单独的灰度图像。此时原图像被关闭,生成的灰度图像以原文件名和通道缩写形式重新命名,它们分别被置于不同的图像窗口中,相互独立。在处理图像时,可以对分离出的灰度图像分别进行编辑,然后再将编辑后的图像重新合并为一幅彩色的图像。

## 三、合并通道技术

　　选择"通道"调板中的"合并通道"命令可以将分离出的灰度图像重新合并为一幅彩色图像。首先打开要合并的具有相同像素尺寸的灰度图像,选择其中的任意一幅,然后在"通道"调板中选取"合并通道"命令,在弹出的合并通道对话框中选择需要合并的图像颜色模式,单击确定按钮即可将多幅图像合并为一幅图像。

## 四、通道混合器

　　通道混合器是关于色彩调整的命令,该命令可以调整某一个通道中的颜色成分。执行"图像"→"调整"→"通道混合器"命令,将弹出"通道混合器"对话框,如图 10-30 所示。这里:

　　● 输出通道:选取要在其中混合一个或多个源通道的通道。

　　● 源通道:拖动滑块可以减少或增加源通道在输出通道中所占的百分比,也可以在文本框中直接输入 -200~200 中的数值。

　　● 常数:该选项可以将一个不透明的通道添加到输出通道,若是负值视为黑通道,若是正值视为白通道。

● 单色：勾选此项将对所有输出通道应用相同的设置，创建该色彩模式下的灰度图像。

### 五、存储和导出3D文件

在 Photoshop 中编辑 3D 对象时，用户可以将 3D 图层进行合并、栅格化 3D 图层、与 2D 图层合并、导出 3D 图层。

1.导出3D图层

执行"3D"→"导出 3D 图层"命令，弹出"存储为"对话框，在"格式"栏中用户可以将 3D 图层导出为 Colada DAE、Wavefront|OBJ、U3D 或 Google Earth4 KMZ 中的任一格式。

2.合并3D图层

执行"3D"→"合并 3D 图层"命令，可以合并一个场景中的多个模型，合并后可以单独编辑每个模型，也可以在多个模型上使用对象工具或相机工具进行编辑操作。

3.存储3D文件

执行"3D"→"存储"命令，可以保存 3D 模型的位置、光源、渲染模式和横截面，保存的文件可以选择以 PSD、PSB、TIFF 或 PDF 格式存储。

4.合并3D与2D图层

在 Photoshop 的 3D 功能中，可以将 3D 图层与一个或多个 2D 图层合并，在 2D 文件和 3D 文件都打开的情况下，将 2D 图层或 3D 图层从一个文件拖动到打开的其他文件的文档窗口中即可。

5.栅格化3D图层

执行"3D"→"栅格化"命令，可以将 3D 图层栅格化，将其转换为普通图层，如图 10-72 所示。

图10-72 3D图层栅格化前(左)后(右)对比

### 六、渲染设置

渲染设置是 Photoshop 3D 功能中一个非常重要的设置。打开一个 3D 对象，执行"3D"→"渲染设置"命令，弹出如图 10-73 所示的"3D 渲染设置"对话框，在其中设置不同的参数能渲染输出不同的图像效果。

1.表面选项

表面选项决定如何显示模型的表面。

(1)表面样式：单击"表面样式"后下三角，弹出表面样式选项，Photoshop 为用户预设了如图 10-74 所示的 8 种样式供选择。如图 10-75 所示为各预设表面样式的显示效果。

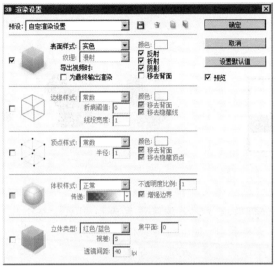

图 10-73　"3D渲染设置"对话框

图 10-74　预设表面样式

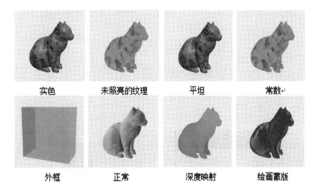

图 10-75　各表面样式显示效果

- 实色：使用 OpenGL 显卡上的 GPU 绘制没有阴影或反射的表面。
- 未照亮的纹理：绘制没有光照的表面。
- 平坦：对表面的所有顶点应用相同的表面标准，创建表面外观。
- 常数：用当前指定的颜色替换纹理。
- 外框：显示反映每个组件最外侧尺寸的对话框。
- 正常：以不同的 RGB 颜色替换纹理。
- 深度映射：显示灰度模式，使用明度显示深度。
- 绘画蒙版：可使绘制区域以白色显示，过渡取样的区域以红色显示，取样不足的区域以蓝色显示。

(2)纹理：在"表面样式"设置为"未照亮的纹理"时，指定纹理映射。

(3)为最终输出渲染：对于已经导出的视频动画，产生更平滑的阴影和逼真的颜色，它来自反射的对象和环境，需要较长的处理时间。

(4)反射、折射和阴影：显示或隐藏这些光线跟踪渲染功能。

(5)移去背面：隐藏双面组件背面的表面。

2.边缘选项

表面选项决定线框线条的显示方式。

(1)边缘样式：单击"边缘样式"后下三角,弹出边缘样式选项,Photoshop 为用户提供了如图 10-76 所示的 4 种样式供选择。如图 10-77 所示为各边缘样式的显示效果。

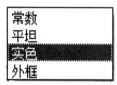

图10-76　预设边缘样式

图10-77　各边缘样式显示效果

(2)折痕阈值：调整出现在模型中的结构线条数量。当模型中的两个多边形在某个特定角度相接时,会形成一条折痕或线。若边缘设置为 0,则显示整个线框;若边缘小于"折痕阈值"设置(0~180)的某个角度相接,则会移去它们形成的线。

(3)线段宽度：指定线段的宽度,以像素为单位。

(4)移去背面：隐藏双面组件背面的边缘。

(5)移去隐藏线：移去与前景线条重叠的线条。

3.顶点选项

顶点选项用于调整顶点的外观。

(1)顶点样式：单击"顶点样式"后下三角,弹出定义样式选项,Photoshop 为用户提供了如图 10-78 所示的 4 种样式供选择。如图 10-79 所示为各顶点样式的显示效果。

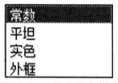

图10-78　预设顶点样式

图10-79　各顶点样式显示效果

(2)半径：决定每个顶点的像素半径。

(3)移去背面：隐藏双面组件背面的顶点。

(4)移去隐藏顶点：移去与前景顶点重叠的顶点。

4.立体选项

顶点选项用于调整图像的设置,该图像将透过红蓝色玻璃查看,或打印成包括透镜镜头的对象。

(1)立体类型：单击"立体类型"后下三角,弹出定义类型选项,Photoshop 为用户提供了"红色/蓝色"和"垂直交错"2 种类型。一般地,为透过彩色玻璃查看图像指定"红色/蓝色"类型,为透镜打印指定"垂直交错"类型。

(2)视差：调整两个立体相机之间的距离。较高的设置会增大三维深度,减小景深,使焦点平面前后的物体呈现在焦点之外。

(3)透镜间距：对于垂直交错的图像,指定透镜镜头每英寸包含多少线条数。

(4)焦平面：确定相对于模型外框中心的焦平面位置。输入负值将平面向前移动,输入正值将平面向后移动。

本单元共完成 2 个项目,完成后应掌握以下知识和技能:

◆ 了解通道的功能及分类。
◆ 掌握通道调板的使用。
◆ 掌握通道的操作。
◆ 掌握通道与选区的转换方法。
◆ 了解 3D 对象的基本概念。
◆ 掌握 3D 工具的使用方法。
◆ 掌握 3D 对象的创建方法。
◆ 掌握载入纹理及编辑纹理的方法。
◆ 掌握 3D 调板的使用方法。
◆ 掌握 3D 对象的渲染方法。

**单元小结**

**实训练习**

1.参照项目 1 的制作方法,完成如图 10-80 所示的"水中的新娘"婚纱抠图练习。

2.参照项目 2 的制作方法,完成如图 10-81 所示"魔术酒瓶效果"的制作。

操作提示:

(1)绘制酒瓶模型,载入"纹理 2"并编辑。

(2)光照和渲染酒瓶后与素材"练习背景.psd"合并。

图10-80　水中的新娘

图10-81　魔术酒瓶效果

第 **11** 单元
动作与动画

本单元有两个主题,首先是动作,动作的运用可以提高图像处理的自动化程度,要求掌握创建、使用和删除动作的方法以及动作的回放的方法;其次是动画,动画使静态的图像动起来,具备了 Flash 功能,要求掌握帧动画和时间轴动画的制作方法。

本单元将按以下 2 个项目进行:

项目 1　制作纪念邮票。

项目 2　制作"下雪"动画效果。

---

## 项目 1
## 制作纪念邮票

微视频:
制作纪念邮票

 项目描述

举世瞩目的第二十届世界杯足球赛于2014年6月13日~7月13日在巴西举行,本届是巴西自1950年第4届世界杯之后,再次举办世界杯。为了纪念此次巴西世界杯足球赛,现制作一组四张纪念邮票,效果如图11-1所示。

图11-1　世界杯足球赛纪念邮票效果

 项目分析

首先,将四张素材图片设置成4厘米×3厘米大小,然后利用"动作"调板录制制作第一张邮票的过程,最后利用播放选定的动作功能制作另外三张邮票。邮票的制作是使用通道的方法完成的,并将制作过程通过动作功能录制下来,这样就可以批量制作了。因此,本项目可分解为以下任务:

- 调整素材大小。
- 录制第一张邮票的制作过程。
- 通过播放选定的动作制作其余邮票。

 项目目标

- 掌握动作调板的使用方法。
- 掌握动作的创建、使用和删除方法。
- 掌握动作的录制和回放方法。
- 了解动作的作用。

📖 知识卡片

### 一、动作调板

用户在进行图像处理时,可能需要经常对某些图像进行相同的操作,这其中包括使用相同的处理命令和参数。如果每次都要逐个处理的话,就显得太烦琐了。为此,Photoshop为用户提供了动作功能来解决这个问题,它可以将一组操作事先录制下来,作为一个命令集合,使用的时候只需要播放即可。并且Photoshop本身还提供了很多内置动作来帮助用户轻松制作多种效果,譬如制作装饰图案、相框等。

**1.动作调板的组成**

执行"窗口"→"动作"命令或按下"Alt+F9"快捷键可以打开"动作"调板,其中各组成部分如图11-2所示。

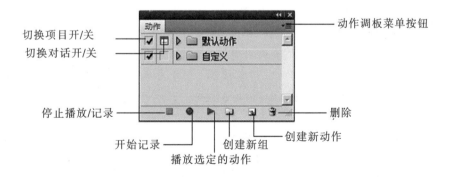

**1)停止播放/记录按钮**

当"动作"调板中正在执行录制或播放动作时,单击停止播放/记录按钮 ■ 可以停止一个动作的录制或播放,当然还可以重新开始录制。

**2)开始记录按钮**

单击开始记录按钮 ⬤ 时将显示红色,说明已经开始录制一个动作,但前提是必须有一

个动作。

3)播放选定的动作按钮

当成功录制了一个动作后，就可以单击播放选定的动作按钮 ▶ 播放这个动作了，Photoshop 将把录制的一系列命令集合重新执行一遍。这样,就可以批量快速地完成一个效果。在播放前,要确认录制时的条件是不是和现在的一样,这个要严格执行。播放不仅可以从头开始,还可以从中间某一个步骤处进行播放。

4)创建新组按钮

单击创建新组按钮 📁 可以创建一个新的动作组。动作组就像"图层"调板中的图层组,主要是用来管理具体的动作。如图 11-3 所示为"自定义"组。

5)创建新动作按钮

单击创建新动作按钮 🔲 可以创建一个新的动作,可以为新动作创建快捷键、按钮的颜色选项等,创建后即做记录。

6)删除按钮

单击删除按钮 🗑 可以删除录制的动作或动作指令。

7)切换项目开/关图标

切换项目开/关图标 ✔ 用来控制动作指令是否被播放。

8)切换对话开/关图标

图 11-3　创建新组

当切换对话开/关图标 ... 黑白显示时,若播放动作,会打开与该动作相对应的对话框,用户可以对此动作参数进行重新设置。如果某项动作指令前面没有该图标,说明该项操作没有可以设置的对话框;当此图标红色显示时,说明此动作中有部分动作指令在当前条件下不可执行,单击该图标,系统将会自动将不可执行的动作指令转换成可执行的指令。

9)动作调板菜单按钮

单击动作调板菜单按钮 ▾≡ ,将会弹出快捷菜单,用户可以用此来实现动作的管理操作

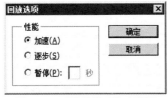

图 11-4　"回放选项"对话框

10)动作回放的使用

如果在动作执行中出现问题,而播放速度太快使用户无法查到出错的位置,那么可以通过使用"动作"调板菜单中的"回放选项"命令来放慢播放速度,甚至可以逐步执行,如图 11-4 所示。

这里:

● 加速:以正常速度播放动作。

● 逐步:播放每个动作时都重绘图像,再执行动作中的下一个命令。

● 暂停:可以设置执行动作中的每个命令后的暂停时间。

2.使用系统内置动作

用户可以利用系统提供的内置动作轻松制作多种效果,譬如制作各种底纹、文字效果、图像效果和相框等。

内置动作的使用应执行如下操作:

(1)打开一张照片,如图 11-5 所示,这里为它添加相框效果。

(2)按下"Alt+F9"快捷键打开"动作"调板,默认情况下,系统在"动作"调板中只显示"默认动作"文件夹中的内容,单击"默认动作"文件夹左边的"展开/折叠"按钮▶,展开动作序列中的全部动作,如图11-6所示。

图11-5　打开的照片图　　　　　　　图11-6　"默认动作"中的动作序列

(3)在"动作"调板中选中"木质画框-50像素",再单击该动作左边的"展开"按钮▶,其下方将显示该动作所包含的全部动作,如图11-7所示。

(4)单击"动作"调板底部的"播放选定的动作"按钮▶,此时系统将执行选定的动作,动作完成后的效果如图11-8所示。

图11-7　"木质画框"下的全部动作　　　图11-8　执行"木质画框"动作后效果

 贴心提示

　　在动作名称前面若有红色标记则表示该动作中包含有人工干预的命令。项目开关标志可以用来选择要执行的动作中的部分相关命令。可以通过动作调板菜单中的相应命令来加载系统内置的其他动作,用户不妨尝试一下。

## 二、动作创建和应用

除了使用系统提供的内置动作外,用户还可以自己动手录制动作,然后将它保存起来供以后反复使用。

### 1.动作的创建

(1)为了与系统内置动作相区分,在新建动作之前先建立一个新动作组,用来存放用户自建的动作。在"动作"调板中单击"创建新组"按钮 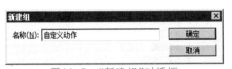,打开"新建组"对话框,如图11-9所示。输入自建的动作序列的名称后,单击"确定"按钮,新建一个动作组,如图11-10所示。

图11-9 "新建组"对话框

图11-10 新建自定义动作组

(2)在"动作"调板中单击"创建新动作"按钮 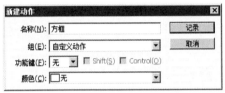,在打开的"新建动作"对话框中设置新动作的属性,如图11-11所示。

图11-11 "新建动作"对话框

(3)设置完成后单击"记录"按钮开始录制动作。此时可以看到在选定的动作序列中新增了一个所定名称的动作,"开始记录"按钮 ⬤ 呈红色显示,表明已经进入动作的记录状态,如图11-12所示。

(4)在"历史记录"调板中单击"创建新快照"按钮,为图像的当前状态创建新快照,如图11-13所示。

图11-12 进入记录状态

图11-13 创建新快照

 贴心提示

在第一步创建快照的好处是如果对录制的结果不满意,可以在"历史记录"调板中单击快照撤销前面执行的动作,以便更好地使用动作。

(5)进行需录制动作中的各步操作。

(6)当动作全部操作完成后,在"动作"调板中单击"停止录制"按钮,结束该动作的录制。此时,"动作"调板的状态如图11-14所示。

(7)选中动作序列,然后选择"动作"调板菜单中的"存储动作"命令,在打开的"存储"对话框中对录制好的动作进行保存。

图11-14 "动作"调板状态

贴心提示

　　用户可以通过"动作"调板菜单来对选定动作进行复制、删除、替换、清除和复位等操作。

**2.动作的应用**

在"动作"调板中单击"播放选定的动作"按钮 ▶，即可让系统重复执行所录制的动作。

## 项目制作

### 任务1　调整素材大小

①执行"文件"→"打开"命令，在弹出的"打开"对话框中打开素材图片"足球1.jpg"。

②执行"图像"→"图像大小"命令，在弹出的"图像大小"对话框中设置图像"宽度"为4厘米，"高度"为3厘米，并勾选"约束比例"复选框。

③执行"图像"→"画布大小"命令，在弹出的"画布大小"对话框中设置画布"宽度"为4厘米，"高度"为3厘米，并确定图片在画布上的相应位置为"中上"。

④重复以上3步，将其余3张素材图片大小都改成4厘米×3厘米。

### 任务2　录制第一张邮票的制作过程

①执行"文件"→"新建"命令，新建一个文件，文件大小为25×25像素，背景为白色。

②用"画笔工具" 🖌 在图像上点一个18×18像素的硬边圆，如图11-15所示。

③执行"编辑"→"定义图案"命令，在打开的"图案名称"对话框中定义"名称"为齿孔，如图11-16所示，然后单击"确定"按钮，定义图形为图案。

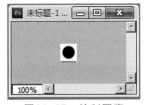
图11-15　绘制图案

图11-16　"图案名称"对话框

④按"Alt+F9"组合键，打开"动作"调板，单击"创建新组"按钮 ▢，打开"新建组"对话框，输入名称"自定义"，如图11-17所示，然后单击"确定"按钮，新建"自定义"组。

⑤新建一个文件，名称为"邮票1"，大小为4厘米×3厘米，背景用黑色填充。

⑥打开素材图片"足球1.jpg"，将其中的图片复制到邮票文件中。

图11-17　"新建组"对话框

⑦利用"自由变换"命令调整图片宽为3.6厘米，高为2.6厘米，并调至中心位置。

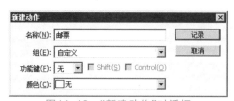

图11-18　"新建动作"对话框

⑧在"动作"调板中单击"创建新动作"按钮，新建一个动作。在打开的"新建动作"对话框中定义名称为"邮票"，组别为"自定义"，如图11-18所示。

⑨单击"记录"按钮，则在"自定义"组下创建动作"邮票"。

💬 贴心提示

单击"记录"按钮后就开始录制了，此后所有的操作都将被记录，直到单击了"动作"调板上的"停止播放/记录"按钮 🔲 停止录制。

⑩打开"通道"调板，新建一个Alpha1通道，如图11-19所示。

⑪选择Alpha1通道，执行"编辑"→"填充"命令，打开"填充"对话框，用前面做好的"齿孔"图案填充，如图11-20所示，然后单击"确定"按钮，效果如图11-21所示。

图11-19　新建Alpha通道

图11-20　"填充"对话框

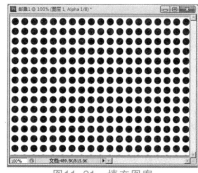

图11-21　填充图案

⑫选择"矩形选框工具"，画一个如图11-22所示的矩形选区。

⑬执行"选择"→"存储选区"命令，打开"存储选区"对话框，将选区存成一个名称为"主体"的Alpha通道，如图11-23所示，然后单击"确定"按钮。

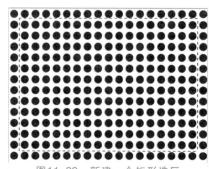

图11-22　新建一个矩形选区

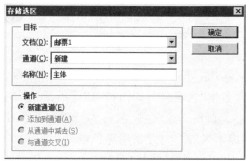

图11-23　"存储选区"对话框

⑭将Alpha1通道的选区部分用白色填充，然后再利用"矩形选框工具"再绘制一个选

区,从最外边圆点中心框出一个选区,如图11-24所示。

⑮执行"选择"→"反向"命令反选该选区,并填充黑色,如图11-25所示。至此,邮票的选区就做好了。

图11-24　填充选区并做新选区

图11-25　反向并用黑色填充

⑯返回"图层"调板,在背景层的上面新建一个图层,名称为"底",用白色填充,如图11-26所示。

⑰执行"选择"→"载入选区"命令,将"Alpha1"通道载入。选择"底"图层,按"Delete"键删除,反选,填充白色。隐藏"图层1",效果如图11-27所示。

⑱选择"图层1",执行"选择"→"载入选区"命令,将"主体"通道载入并反选。按"Delete"键删除反选的通道,按"Ctrl+D"取消选区,则效果如图11-28所示。

图11-26　"图层"调板

图11-27　生成边框

图11-28　邮票效果

 贴心提示

　　要注意图层间的关系,图层"底"是制作邮票基本形状的,而"图层1"是邮票的画面区,所以"图层1"的大小要小于图层"底"。

⑲隐藏背景层,将其他可见层合并,然后单击"动作"调板下的"停止播放/记录"按钮,停止录制。至此,邮票画面制作完成。

⑳单击"横排文字工具"**T**输入文本,如图11-29所示。以后就可以批量制作该邮票或选择不同的图片制作邮票了。

图11-29　邮票最终效果

### 任务3　通过播放选定的动作制作其余的邮票

①新建一个文件,名称为"邮票2",大小为4厘米×3厘米,背景用黑色填充。

图11-30　选择要播放的动作

②打开素材图片 "足球2.jpg",将其中的图片复制到"邮票2"文件中。

③利用"自由变换"命令调整图片宽为3.6厘米,高为2.6厘米,并调至中心位置。

④在"动作"调板中选择"自定义"组中的"邮票",如图11-30所示。

⑤在"动作"调板中单击下方的"播放选定的动作"按钮，得到效果如图11-31所示的邮票效果。

⑥单击"横排文字工具" 输入文本,效果如图11-32所示。

图11-31　播放邮票动作的效果

图11-32　第二张邮票效果

⑦重复执行步骤1~6,依次打开素材图片"足球3.jpg"和"足球4.jpg"分别制作"邮票3.psd"和"邮票4.psd",最终效果如图11-33和图11-34所示。

图11-33　邮票3效果

图11-34　邮票4效果

⑧执行"文件"→"存储"命令,将制作的4张邮票文件依次进行存储。

**项目小结**

在处理图像的操作过程中经常需要对大量的图像采用相同的操作，如果逐个处理的话，不仅慢，还容易出错。利用Photoshop的动作功能可以完成一些枯燥的重复性工作，先将一组操作事先录制下来，作为一个命令集合，在用的时候只需播放录制的动作即可，从而极大地提高了工作效率。

**项目 2**
**制作"下雪"动画效果**

微视频：
制作"下雪"动画效果

 **项目描述**

"你那里下雪了吗？面对寒冷你怕不怕……"你还记得这首歌吗？每当下雪天来临，总使我不由自主地想起这首歌，雪花纷飞，天地间白茫茫一片，我们的小天使手握魔幻球来到小房子外，这是一幅多么美的童话世界，效果如图11-35所示。

**项目分析**

首先，使用"点状化""阈值""动感模糊"滤镜来制作出雪花效果，然后打开"动画"调板，制作出雪花飘落的动画效果。因此，本项目可分解为以下任务：
- 制作雪花效果。
- 制作雪花飘落效果。

**项目目标**

- 认识动画调板的组成。
- 掌握动画调板的使用方法。
- 掌握逐帧动画的制作方法。

图11-35 下雪动画效果

**知识卡片**

**一、动画的含义**

动画就是在一定时间内显示的一系列图像或帧。每一帧较前一帧都有轻微的变化，当连续、快速地显示这些帧时，就创造出运动的效果。

处理图层是创建动画的基础,通过将动画的每一幅图像置于其自身所在的图层上,可使用图层调板命令和选项更改一系列帧的图像位置和外观。

## 二、动画面板

在Photoshop中,执行"窗口"→"动画"命令即可打开"动画"面板。动画面板有两种模式:帧和时间轴。如图11-36所示为帧模式动画面板,帧模式为使用最多的模式。

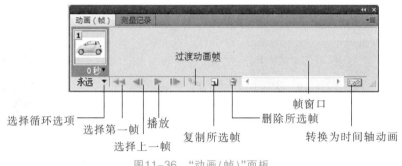

图11-36 "动画(帧)"面板

在"动画"面板中,各按钮的功能如下:

● 选择循环选项按钮 永远 ▼:单击此按钮将弹出下拉菜单,供选择动画播放的次数。

● 选择第一帧按钮 ◀◀:单击此按钮将选择第一帧的画面。

● 选择上一帧按钮 ◀|:单击此按钮将选择当前帧的前一帧,如果当前帧是第一帧,则选择最后一帧。

图11-37 "过渡"对话框

● 播放动画按钮 ▶:单击此按钮即可连续运行动画的各个帧,此时该按钮变成停止动画按钮 ■。

● 选择上一帧按钮 |▶:单击此按钮将选择当前帧的下一帧,如果当前帧是最后一帧,则选择第一帧。

● 过渡动画帧按钮 ●∘∘:单击此按钮将打开"过渡"对话框,如图11-37所示。在此对话框中用户可以对添加的帧参数进行设置。

● 复制所选帧按钮 ◻:单击此按钮将在当前选定的若干帧之后复制这些帧。

● 删除所选帧按钮 🗑:单击此按钮将打开如图11-38所示消息框,以确认删除操作,若单击"是"按钮将删除选定的若干帧,若单击"否"按钮将取消删除操作。

● 转换为时间轴动画按钮 ▦∺:单击此按钮则将动画面板由"帧"模式转换为时间轴模式,如图11-39所示。

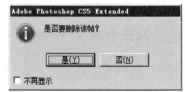

图11-38 删除消息框

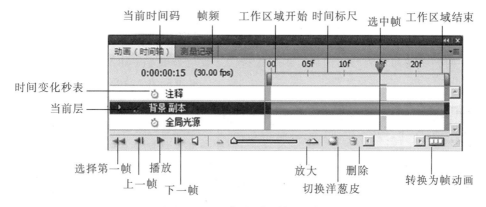

图 11-39　"动画(时间轴)"面板

> **贴心提示**
>
> "动画"面板的默认显示模式为帧模式。

## 三、创建动画

### 1.逐帧动画的创建

首先将"动画"面板设置为帧模式,然后结合使用"动画(帧)"面板和"图层"调板就可以创建逐帧动画了。用户可以从原来的多图层图像创建动画帧,然后为每一帧指定延迟时间,使用"过渡"命令生成新帧并为动画指定循环属性。

> **贴心提示**
>
> 使用"动画(帧)"面板可以创建、查看和设置动画中各帧的选项。在"动画(帧)"面板中,可以更改帧的缩略图视图,以改变面板所需的空间,并在给定的面板宽度上显示更多的帧。

逐帧动画的制作步骤如下:

(1)新建一个文件,做出自己需要的效果,如本例中是简单地输入文字"网页美工",然后单击工具选项栏上的"创建文字变形"按钮 ,设置文本样式为"鱼形"。

(2)连续单击两次"复制所选帧"按钮 ,复制两帧。选中第2帧,修改文本样式为"花冠",再选择第3帧,再次修改文本样式为"挤压",如图 11-40 所示。

图 11-40　复制帧并修改文本样式

（3）按住"Shift"键并在"动画（帧）"面板中依次单击每一帧，选中所有帧。

（4）在"动画"面板中单击"选择帧延迟时间"按钮 **0秒** 设定延迟时间，在弹出的下拉菜单中设置两帧之间的播放时间间隔。本例选择"0.2秒"，如图 11-41 所示。

（5）在"动画"面板中单击"选择循环选项"按钮 **永远 ▼** 设定循环次数，在弹出的下拉菜单中选择"其他"可打开"设置循环次数"对话框，如图 11-42 所示。在此设置动画循环播放的次数。如果一直循环，则选择"永远"，否则按指定次数循环。这里选择"永远"。

图11-41　设定延迟时间为0.2秒

（6）单击"播放动画"按钮 ▶，可以测试动画效果，若满意，则执行"文件"→"存储为 web 和设备所用格式"命令保存文件为 gif 格式，双击该文件就可以看到动画的效果了，如图 11-43 所示。

图11-42　"设置循环次数"对话框　　　　图11-43　动画效果

### 2.过渡动画的创建

过渡动画是两帧之间所产生的形状、颜色和位置变化的动画。创建过渡动画时，可以根据不同的过渡动画设置不同的选项。

单击"动画"面板上的"过渡动画帧"按钮 ，可以打开"过渡"对话框，参数选项如图 11-44 所示。

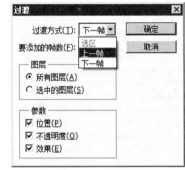

图11-44　"过渡"对话框

#### 1）位移过渡动画

位移过渡动画是同一图层中的图像由一端移动到另一端的动画。

（1）在创建位移动画之前，首先要创建起始帧和结束帧。打开"动画（帧）"面板后，确定主题（小汽车）位置，如图 11-45 所示。

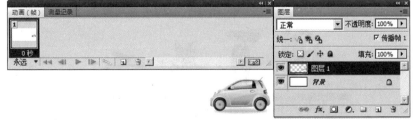

图11-45　确定起始帧中的主体位置

（2）复制第 1 帧为第 2 帧，在第 2 帧中移动同图层中的主体（小汽车）至其他位置，如图 11-46 所示。

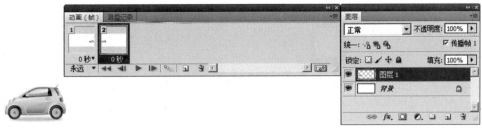

图11-46　确定结束帧中的主体位置

（3）同时选中起始帧和结束帧，单击"动画（帧）"面板底部的"过渡动画帧"按钮，打开"过渡"对话框，在参数选项组中勾选"位置"选项，其他选项默认，如图11-47所示。单击"确定"按钮后，则在两帧之间创建过渡动画帧，如图11-48所示。

图11-47　"过渡"对话框

图11-48　创建位置过渡动画

（4）选择所有的帧，设置帧的延迟时间为0.1秒，循环次数为10次，"动画（帧）"调板状态如图11-49所示。

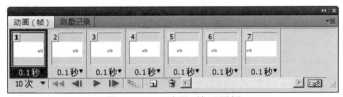

图11-49　"动画（帧）"面板

（5）单击"播放动画"按钮，对动画进行测试，满意后保存为gif动画文件。

2）不透明度过渡动画

不透明度过渡动画是两幅图像之间显示与隐藏的过渡动画。与位置过渡动画的创建前提相同，必须创建过渡动画的起始帧和结束帧。

（1）在"动画（帧）"面板第1帧中，设置"图层1"的不透明度为100%，如图11-50所示。

（2）复制第1帧为第2帧，在第2帧中设置该图层的不透明度为10%，如图11-51所示。

图11-50　设置起始帧的不透明度为100%

图11-51　制作结束帧的显示效果

（3）选中第1帧，单击"过渡动画帧"按钮 ，在"过渡"对话框的参数栏中，勾选"不透明度"选项，如图11-52所示。单击"确定"按钮后，则在两帧之间创建过渡动画帧，如图11-53所示。

图11-52　"过渡"对话框

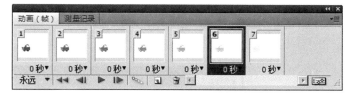

图11-53　创建不透明度过渡动画

（4）选择所有的帧，设置帧的延迟时间为0.2秒，循环次数为"永远"，"动画（帧）"调板状态如图11-54所示。

图11-54　"动画（帧）"调板

（5）单击"播放动画"按钮 ，对动画进行测试，满意后保存为gif动画文件。

3）效果过渡动画

效果过渡动画是一幅图像的颜色或效果的显示与隐藏的过渡动画。比如设置同一图层的"渐变叠加"或者"颜色叠加"样式的图像效果，或者字体变形的过渡动画。

例如图像的颜色过渡动画的创建方法如下：

（1）在第1帧中为其添加"颜色叠加"图层样式，如图11-55所示。

图11-55　设置第1帧颜色

　　(2)复制第 1 帧为第 2 帧,在第 2 帧中设置"颜色叠加"图层样式中的"颜色"选项,如图 11-56 所示。

　　(3)选中第 2 帧后,单击"过渡动画帧"按钮，在打开的"过渡"对话框参数栏中勾选"效果"选项,如图 11-57 所示。单击"确定"按钮后,则在两帧之间创建效果过渡动画帧,如图 11-58 所示。

图11-56　修改第2帧颜色　　　　　　　　　　　　图11-57　"过渡"对话框

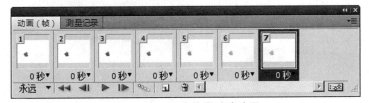

图11-58　创建效果过渡动画

　　(4)选择所有的帧,设置帧的延迟时间为 0.2 秒,循环次数为一次,"动画(帧)"面板状态如图 11-59 所示。

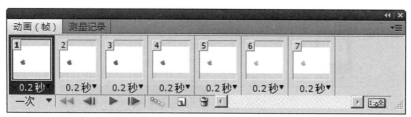

图11-59　"动画(帧)"调板

(5)单击"播放动画"按钮 ![播放] ，对动画进行测试，满意后保存为 gif 动画文件。

## 项目制作

### 任务1制　作雪花效果

①打开素材图片"天使.jpg"，如图 11-60 所示。
②复制"背景"图层为"背景副本"，如图 11-61 所示。

图11-60　素材图片"天使.jpg"

图11-61　"图层"调板

③对"背景副本"图层执行"滤镜"→"像素化"→"点状化"命令，打开"点状化"对话框，设置"单元格大小"参数为 3，如图 11-62 所示。单击"确定"按钮，则效果如图 11-63 所示。

图11-62　"点状化"对话框

图11-63　点状化滤镜效果

④执行"图像"→"调整"→"阈值"命令,打开"阈值"对话框,将"阈值色阶"调整为 255,如图 11-64 所示。单击"确定"按钮,则效果如图 11-65 所示。

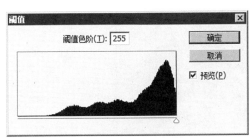

图11-64　"阈值"对话框　　　　　　　图11-65　设置阈值效果

⑤将"背景副本"图层的"混合模式"设置为滤色,效果如图 11-66 所示。

图11-66　图层混合模式为滤色的效果

⑥为了使画面上的白点看上去像飘落的雪花,执行"滤镜"→"模糊"→"动感模糊"命令,打开"动感模糊"对话框,将"角度"设置为 60,"距离"设置为 3,如图 11-67 所示。单击"确定"按钮,则效果如图 11-68 所示。

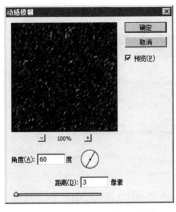

图11-67　"动感模糊"对话框　　　　　　图11-68　动感模糊效果

⑦按"Ctrl+T"组合键,变换"背景副本"图像,按"Shift"键将雪花图像按比例放大一些,如图 11-69 所示。

图11-69　将雪花图像按比例放大

## 任务2　制作雪花飘落效果

①执行"窗口"→"动画"命令,打开"动画"面板,将第 1 帧图像的延迟时间设置为"0.1 秒",如图 11-70 所示。

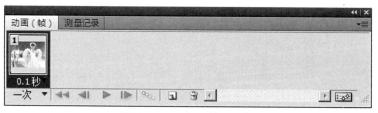

图11-70　"动画(帧)"面板

②在"动画(帧)"面板中单击"复制所选帧"按钮 ，产生第 2 帧,然后选择"移动工具" 对雪花图像进行拖动,使雪花图像的右上角与背景层右上角对齐。此时"动画"调板如图 11-71 所示,效果如图 11-72 所示。

图11-71　"动画"调板

③单击"动画"面板上的"过渡动画帧"按钮 ，打开"过渡"对话框,设置"要添加的帧数"为6,如图 11-73 所示,然后单击"确定"按钮。此时"动画"面板的状态如图 11-74 所示,完成下雪动画的制作。

图11-72　调整雪花图像的位置

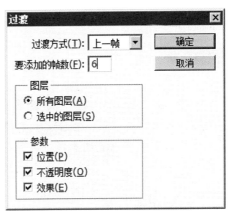

图11-73　"过渡"对话框

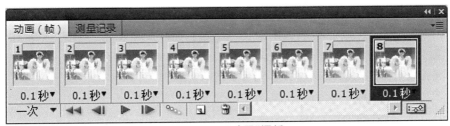

图11-74　"动画"调板

④单击"动画"面板上的"播放动画"按钮 ，进行下雪动画测试。满意后，执行"文件"
→"存储为 Web 和设备所用格式"命令，打开"存储为 Web 和设备所用格式"对话框，如图
11-75 所示。

图11-75　"存储为Web和设备所用格式"对话框

⑤单击"存储"按钮,弹出"将优化结果存储为"对话框,将文件以"下雪动画"为名保存为.gif 动画格式。

项目小结

　　运用动画面板可以制作出简单的 gif 动画效果。在动画面板中可以完成的动画效果主要包括位置动画、不透明度动画、样式动画、文字形变动画及蒙版动画。这些效果也可以综合运用。大家可以通过本项目细细体会实现这些动画效果的方法。

 知识拓展

一、添加预设动作

　　单击"动作"调板右上角的"调板菜单"按钮，在弹出的菜单中,可以选择"图像效果""文字效果""画框""纹理"和"作品"等命令,如图 11-76 所示;可以添加更多的预设动作效果,添加预设动作后的"动作"调板如图 11-77 所示。

图 11-76　调板菜单

图 11-77　添加的预设动作

　　(1)打开素材图片,如图 11-78 所示;单击"动作"面板上"图像效果"左边的"展开"按钮，展开图像动作列表,选择图像效果动作"仿旧照片",如图 11-79 所示。

　　(2)单击"播放选定的动作"按钮，即可为素材图片添加仿旧照片效果,如图 11-80 所示。

图11-78　打开素材图片　　　　图11-79　"动作"调板　　　　图11-80　仿旧照片效果

二、插入断点

Photoshop不能将所有的操作自动记录下来,譬如创建路径、绘画和色调工具、工具选项、视图命令和预设等操作就不能自动记录下来。在执行一个不被记录的操作时,可以在动作中插入停止,即断点,使动作执行暂时中断,执行完一些不被记录的操作后,再单击"播放选定的动作"按钮，继续执行被中断的动作。

选中动作序列中要插入停止的位置,如图 11-81 所示,选择调板菜单中的"插入停止"命令,在弹出的"记录停止"对话框中输入提示信息,如图 11-82 所示。单击"确定"按钮,在"动作"调板中插入"停止",如图 11-83 所示。

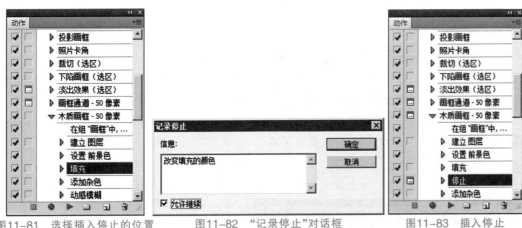

图11-81　选择插入停止的位置　　　　图11-82　"记录停止"对话框　　　　图11-83　插入停止

在动作序列执行到停止处时,弹出"信息"提示框,如图 11-84 所示,单击"停止"按钮即可;改变填充效果,譬如选择"图案填充",再单击"播放选定的动作"按钮，继续执行后面的动作。改变填充后的画框效果如图 11-85 所示。

图11-84　"记录停止"信息框

图11-85　改变"填充"后的画框效果

## 三、保存动作

在平面设计的工作中,经常应用的效果可以创建为动作,并保存在指定的文件夹中,需要的时候再载入动作,然后播放该动作,即可快捷、方便地实现各种效果制作。

在"动作"调板中,选中"组",单击其右上角的"调板菜单"按钮 ▼☰,在弹出的菜单中,选择"存储动作"命令,在弹出的"存储"对话框中,选择保存位置并输入文件名,即可保存动作。

当需要使用已保存或下载的动作时,在"动作"调板中的"调板菜单"中,执行"载入动作"命令,在弹出的"载入"对话框中,选择需要的动作文件,即可载入动作到"动作"调板中。

## 四、时间轴动画

要在时间轴模式中对图层内容进行动画处理,需要在"动画(时间轴)"面板中设置关键帧,然后修改该图层内容的位置、不透明度或样式。Photoshop 将自动在两个现有的帧之间添加或修改一系列帧,通过均匀改变两帧之间的图层属性以创建运动或变换的显示效果。

在"动画(时间轴)"面板中,不同对象所在图层的图层属性均会有所不同。而在时间轴模式中,主要有普通图层、文本图层与蒙版图层。

### 1.时间轴动画

普通图层的时间轴动画主要是针对位置、不透明度与样式效果的,既可以单独创建,也可以同时创建。这与帧动画中的过渡动画相似。

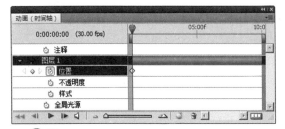

图11-86　创建第1个关键帧

当在 Photoshop 文档中创建或者添加对象后,执行"窗口"→"动画"命令,打开"动画(帧)"调板,单击"转换为时间轴动画"按钮 ⌗☒,切换到时间轴模式中。单击左侧某个图层,确定"当前时间指示器"位置。接着单击某一个属性的"时间-变化秒表",创建第1个关键帧,调整该帧中对象的属性,如图11-86所示。

向右拖动"当前时间指示器"![icon]，确定第 2 个关键帧位置，单击"添加/删除关键帧"图标 ![icon]，创建第 2 个关键帧，并且移动图像位置，如图 11-87 所示。

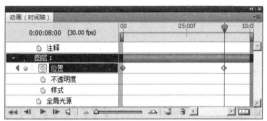

图11-87　创建第2个关键帧

这时位置效果的时间轴动画创建完成。单击面板底部的"切换洋葱皮"按钮 ![icon] 后，移动"当前时间指示器"，可以发现不同时间的效果不同，表示了对象的移动走向，如图 11-88 所示。

图11-88　切换洋葱皮

图层属性的不透明度与样式的创建方法与位置效果创建相同，这里不再赘述。

在时间轴模式中创建动画的最大优势就是可以在不同图层中分别创建动画，并且可以将不同图层中的动画融合为一个整体。

单击"播放"按钮 ![icon]，对动画进行测试，满意后保存为 gif 动画文件。

**2.文本图层时间轴动画**

文本图层的时间轴动画除了普通图层中的位置、不透明度与样式外，还包括文字变形，并且其创建方法与时间轴动画相同。只要在文本变形属性中创建关键帧，然后在关键帧中通过单击"横排文字工具"![icon] 选项栏上的"创建变形文字"按钮 ![icon]，打开"变形文字"对话框，就可以设置文本的变形效果，如图 11-89 所示。

然后移动"当前时间指示器"![icon]，单击"添加/删除关键帧"图标 ![icon]，创建第 3 个关键帧，并且在该关键帧中重新设置文字的变形效果，如图 11-90 所示。

图11-89　创建第1个关键帧文本效果　　　　　　　图11-90　创建第2个关键帧文本效果

　　这时,还可以同时创建同图层中的其他属性动画,这里是在同时间位置创建了位置时间轴动画,如图 11-91 所示。

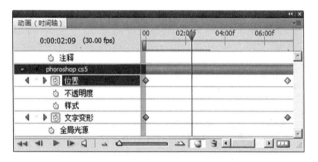

图11-91　创建位置时间轴动画

　　单击"播放"按钮,对动画进行测试,满意后保存为 gif 动画文件。

　　3.蒙版图层时间轴动画

　　蒙版图层的时间轴动画效果中除了普通图层中的位置、不透明度与样式外,还包括图层蒙版位置与图层蒙版启用两个属性。图层蒙版位置是针对蒙版图形在画布中的位置属性,而图层蒙版启用是在文档中的启用与禁用效果。

　　当在一个普通图层中创建蒙版后,时间轴模式中显示两个专属属性。确定"当前时间指示器"位置后,单击图层蒙版位置的"时间-变化秒表" ,创建第 1 个关键帧,如图 11-92 所示。

　　接着确定"当前时间指示器"位置后,单击"添加/删除关键帧"图标,创建第 2 个关键帧。单击"图层"调板中的"指示图层蒙版链接到图层"图标 来禁用链接功能。移动蒙版中的图形如图 11-93 所示。

　　单击"播放"按钮,可观察到动画效果。

图11-92 创建第1个关键帧　　　　　　　　图11-93 创建第2个关键帧

蒙版图层位置属性同样可以与其他属性同时创建时间轴动画，使用相同方法可创建不透明度属性的时间轴动画。

五、视频基础

在 Photoshop CS5 中，可以编辑视频的图像序列帧文件，包括使用工具箱中的工具对视频帧进行处理，包括创建选区、绘制图画、变换对象，添加蒙版和滤镜、图层样式和混合模式等。

1.视频图层

在 Photoshop 中，打开视频图像序列文件时，会自动创建视频文件，可以看到，图像帧包含在视频图层中，如图 11-94 所示。

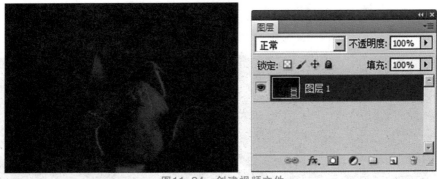

图11-94 创建视频文件

使用工具箱中的工具可以对图像进行修改和编辑，修改视频图像中的信息。

通过调整混合模式、不透明度、位置和图层样式，可以像使用常规图层一样使用视频图层。用户也可以在"图层"调板中对视频图层进行编组，调整图层可将颜色和色调调整应用于视频图层，而不会对视频图层造成任何损坏。

若想单独在图层上对帧进行编辑，可以创建空白视频图层，也可以在空白视频图层创建手绘动画。

Photoshop 支持的图像序列格式有 BMP、DICOM、JPEG、OpenER、PNG、PSD、Terga、TIF等。

2.创建视频图层

(1)创建视频图像。执行"文件"→"新建"命令,在打开的"新建"对话框中,选择"预设"下拉列表中的"胶片和视频"选项,在"大小"下拉列表中选择一个文件大小选项后,单击"确定"按钮,即可创建一个空白的视频图像文件。

(2)创建视频图层。执行"图层"→"视频图层"→"新建空白视频图层"命令,可以创建新的视频图层,如图 11-95 所示。

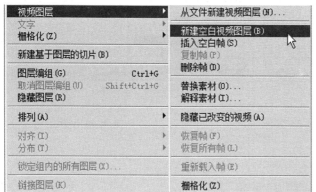

图11-95    创建视频图层

3.编辑视频图层

(1)修改像素长宽比。在计算机的显示器屏幕上显示的图像是由方块形的像素组成的,而在视频编码设备中图像的像素则是由非正方形设备组成的,这样在图像转换的时候就会导致由于像素的长宽比不一致而导致图像变形,因此需要进行修正。

执行"视图"→"像素长宽比校正"命令,选择一个选项来修改像素的长宽比,如图 11-96所示为修改像素长宽比前后图像的对比效果。

图11-96    修改前(左)后(右)图像对比

(2)渲染视频。执行"文件"→"导出"→"渲染视频"命令,可以将视频输出为 Quicktime影片,在 Photoshop 中还可以将时间轴动画与视频图层一起导出。

**单元小结**

本单元共完成 2 个项目,完成后应掌握以下知识和技能:
◆ 了解动作的作用。
◆ 掌握动作调板的使用。
◆ 掌握动作的创建、使用、删除、保存和载入。
◆ 掌握动作的重复播放方法。
◆ 了解动画的含义。
◆ 了解动画面板的组成。
◆ 掌握动画面板的操作方法。
◆ 掌握逐帧动画、过渡动画和时间轴动画的制作方法。
◆ 了解视频及视频图层的编辑方法。

**实训练习**

1.参照项目 1 制作瓷器鉴赏会门票,完成效果如图 11-97 所示。

图11-97　"瓷器鉴赏会门票"效果

操作提示:

(1)新建一个名称为瓷器鉴赏会门票,大小为 28 厘米×20 厘米,背景为橘色的 RGB 文件。打开素材图片"背景.jpg""瓷器 1.jpg""瓷器 2.jpg""瓷器 3.jpg",并依次移动到"瓷器鉴赏会门票"文件中。

(2)创建新组 1 和新动作 1,选中 1 个瓷器层,记录对这个瓷器图片的复制、垂直翻转和添加蒙版等操作。

(3)分别选中其他两个瓷器层,播放动作 1。

(4)新建 1 个大小为 100 厘米×100 厘米,背景为红色的文件,执行预设动作"画框"组中的"滴溅形画框"动作序列;选中红色图像移动到"瓷器鉴赏会门票"文件中,作为文字"盛德瓷器"的背景色。

（5）输入文字，完成效果。

2.参照项目2，制作"淘气的小狗"动画，效果图如图11-98所示。

图11-98　"淘气的小狗"效果

操作提示：

（1）分别打开素材图片"草地.jpg""小狗0.jpg""小狗1.jpg""小狗2.jpg""小狗3.jpg"。

（2）使用"魔棒工具"和反向选择操作分别将"小狗0.jpg""小狗1.jpg""小狗2.jpg""小狗3.jpg"的图像通过"移动工具"拖曳到"草地.jpg"中，形成"背景层"和"图层1"~"图层4"。注意对齐"图层1"~"图层4"中图像在同一个位置。

（3）关闭"小狗0.jpg"~"小狗3.jpg"4个图像文件。

（4）关闭除"背景层"和"图层1"之外其他图层的可视性。

（5）打开动画面板，如果动画面板是时间轴动画模式，就将面板转换为帧动画模式。

（6）连续单击3次"复制所有帧"按钮，产生3个动画帧，依次选中第2帧~第4帧，分别对应打开"图层2"~"图层4"的可视性，使得第2帧~第4帧分别显示"图层2"~"图层4"的图像，如图11-99所示。

图11-99　"动画"面板状态

（7）按下"Shift"键并单击第1帧，选中所有帧，将"帧延迟"设定为0.2秒，并将循环选项设定为"永远"，如图11-100所示。

图11-100　设定帧的延迟及循环选项

（8）执行"文件"→"存储为Web和设备所用格式"命令，打开"存储为Web和设备所用格式"对话框，单击"存储"按钮，保存文件为"淘气的小狗.gif"。

（9）双击该文件就可以看到动画的效果了。